U0296555

中国工程院重大咨询研究项目

我国煤矿安全及废弃矿井资源开发利用战略研究

袁 亮 主编

第2卷

我国煤矿安全生产
工程科技战略研究

袁 亮 康红普 梁嘉琨 刘见中 胡炳南 等 著

科学出版社

北 京

内 容 简 介

本书总结分析了我国煤矿安全生产的发展历程、现状、面临的挑战和重大变革方向，聚焦工程科技问题，分析提出了新时代、新形势对煤矿安全生产的工程科技需求。在国内外先进煤矿安全生产经验梳理借鉴和未来煤矿安全生产格局研判的基础上，系统提出了我国煤矿安全生产工程科技发展战略思想、战略蓝图、战略目标及煤矿安全生产技术体系。按照透明化、智能化、减灾化、健康化的煤矿未来发展"四化"要求，创新提出了旨在实现煤矿安全生产的煤炭精准智能开采技术体系，全面给出了全息透明矿井、精准开采、灾害防治、职业病危害防治等系列技术，以及推进技术研发和推广应用的五大政策措施建议。

本书可供煤炭行业从业人员、煤炭科学研究人员、煤炭安全工作者、煤炭管理机构工作人员和煤炭开采及煤矿安全专业的科研人员及学生参考。

图书在版编目(CIP)数据

我国煤矿安全生产工程科技战略研究/ 袁亮等著. —北京：科学出版社，2020.7

（我国煤矿安全及废弃矿井资源开发利用战略研究/袁亮主编；2）

中国工程院重大咨询研究项目

ISBN 978-7-03-065250-8

Ⅰ. ①我… Ⅱ. ①袁… Ⅲ. ①煤矿–安全生产–研究–中国 Ⅳ. ①TD7

中国版本图书馆 CIP 数据核字(2020)第 088900 号

责任编辑：刘翠娜 崔元春 / 责任校对：王萌萌
责任印制：师艳茹 / 封面设计：蓝正设计

科学出版社 出版
北京东黄城根北街 16 号
邮政编码：100717
http://www.sciencep.com

北京汇瑞嘉合文化发展有限公司 印刷
科学出版社发行 各地新华书店经销
*
2020 年 7 月第 一 版　开本：787×1092 1/16
2020 年 7 月第一次印刷　印张：9 3/4
字数：230 000

定价：240.00 元

（如有印装质量问题，我社负责调换）

中国工程院重大咨询研究项目

我国煤矿安全及废弃矿井资源开发利用战略研究

项目顾问　　李晓红　　谢克昌　　赵宪庚　　张玉卓　　黄其励
　　　　　　　　苏义脑　　宋振骐　　何多慧　　罗平亚　　钱鸣高
　　　　　　　　薛禹胜　　邱爱慈　　周世宁　　陈森玉　　顾金才
　　　　　　　　张铁岗　　陈念念　　袁士义　　李立涅　　马永生
　　　　　　　　王　安　　于俊崇　　岳光溪　　周守为　　孙龙德
　　　　　　　　蔡美峰　　陈　勇　　顾大钊　　李根生　　金智新
　　　　　　　　王双明　　王国法

项目负责人　　袁　亮

课题负责人

课题 1　我国煤矿安全生产工程科技战略研究　　　　　　　　袁　亮　康红普
课题 2　国内外废弃矿井资源开发利用现状研究　　　　　　　　　　　刘炯天
课题 3　废弃矿井煤及可再生能源开发利用战略研究　　　　　　　　　凌　文
课题 4　废弃矿井地下空间开发利用战略研究　　　　　　　　　　　　赵文智
课题 5　废弃矿井水及非常规天然气开发利用战略研究　　　　　　　　武　强
课题 6　废弃矿井生态开发及工业旅游战略研究　　　　　　　　　　　彭苏萍
课题 7　抚顺露天煤矿资源综合开发利用战略研究　　　　　　　　　　袁　亮
课题 8　项目战略建议　　　　　　　　　　　　　　　　　　　　　　袁　亮

本书研究和撰写人员

袁　亮	康红普	梁嘉琨	刘见中	胡炳南
张　宏	郭中华	潘一山	胡千庭	任世华
陈佩佩	张风达	郑德志	李　鑫	任怀伟
陈向军	秦容军	潘俊锋	张玉军	张德生
王书文	赵国瑞	胡振琪	于　斌	祁和刚
张党育	侯水云	王　凯	张瑞玺	唐永志
孟祥军	刘克功	王肇东	陈　茜	曲　洋
郝宪杰	张亚宁			

丛 书 序 一

煤炭是我国能源工业的基础，在未来相当长时期内，煤炭在我国一次能源供应保障中的主体地位不会改变。习近平总书记指出，在发展新能源、可再生能源的同时，还要做好煤炭这篇文章[①]。随着我国社会经济的快速发展和煤炭资源的持续开发，部分矿井已到达其生命周期，也有部分矿井不符合安全生产要求，或开采成本过高而亏损严重，正面临关闭或废弃。预计到2030年，我国关闭/废弃矿井将达到1.5万处。直接关闭或废弃此类矿井不仅会造成资源的巨大浪费和国有资产流失，还有可能诱发后续的安全、环境等问题。据调查，目前我国已关闭/废弃矿井中赋存煤炭资源量就高达420亿吨、非常规天然气近5000亿立方米、地下空间资源约为72亿立方米，并且还具有丰富的矿井水资源、地热资源、旅游资源等。以美国、加拿大、德国为代表的欧美国家，在废弃矿井储能及空间利用等方面开展了大量研究工作，并已成功应用于工程实践，而我国对于关闭/废弃矿井资源开发利用的研究起步较晚、基础理论研究薄弱、关键技术不成熟，开发利用程度远低于国外。因此，开展我国煤矿安全及废弃矿井资源开发利用研究迫在眉睫，且对于减少资源浪费、变废为宝具有重大的战略研究意义，同时可为关闭/废弃矿井企业提供一条转型脱困和可持续发展的战略路径，对于推动资源枯竭型城市转型发展具有十分重要的经济意义和政治意义。

中国工程院作为我国工程科学技术界最高荣誉性、咨询性学术机构，深入贯彻落实党中央和国务院的战略部署，针对我国煤矿安全及废弃矿井资源开发利用面临的问题与挑战，及时组织三十余位院士和上百名专家于2017～2019年开展了"我国煤矿安全及废弃矿井资源开发利用战略研究"重大咨询研究项目。项目负责人袁亮院士带领项目组成员开展了系统性的深入研究，系统调研了国内外煤矿安全及废弃矿井资源开发利用现状，足迹遍布国内外主要关闭/废弃矿井；归纳总结了国内外关闭/废弃矿井资源开发利

[①] 中国共产党新闻网. 谢克昌："乌金"产业绿色转型. (2016-01-18)[2020-05-30]. http://theory.people.com.cn/n1/2016/0118/c40531-28063101.html.

用的主要途径和模式;根据我国煤矿安全发展面临的新挑战和不同废弃矿井资源禀赋条件下进行开发利用所面临的制约因素,从科技创新、产业管理等方面,提出了我国煤矿安全及废弃矿井资源开发利用的战略路径和政策建议。该项目凝聚了众多院士和专家的集体智慧,研究成果将为政府相关规划、政策制订和重大决策提供支持,具有深远的意义。

在此对各位院士和专家在项目研究过程中严谨的学术作风致以崇高的敬意,衷心感谢他们为国家能源发展付出的辛勤劳动。

李晓红

中国工程院 院长

2020 年 6 月

丛 书 序 二

煤炭是我国的主导能源,长期以来为我国经济发展和社会进步做出了重要贡献。我国资源赋存的基本特点是贫油、少气、相对富煤,煤炭的主体能源地位相当长一段时期内无法改变,仍将长期担负国家能源安全、经济持续健康发展重任。随着我国煤炭资源的持续开发,很多煤矿正面临关闭或废弃,预计到 2030 年,我国关闭/废弃矿井将到达 1.5 万处。这些关闭/废弃矿井仍赋存着多种、巨量的可利用资源,运用合理手段对其进行开发利用具有重大意义。但目前我国煤炭企业的关闭/废弃矿井资源再利用意识相对淡薄,大量矿井直接关闭或废弃,这不仅造成了资源的巨大浪费,还有可能诱发后续的安全、环境等问题。

我国关闭/废弃矿井资源开发利用存在极大挑战:首先,我国阶段性废弃矿井数量多,且煤矿地质条件极其复杂,难以照搬国外利用模式;其次,在国家层面,我国目前尚缺少废弃矿井资源开发利用整体战略;最后,我国关闭/废弃矿井资源开发利用基础理论研究薄弱、关键技术还不成熟。

目前,我国关闭/废弃矿井资源有两类开发利用模式:一类是储气库,利用关闭盐矿矿井建设地下储气库是目前比较成熟的模式,如金坛地区成功改造 3 口关闭老腔,形成近 5000 万立方米的工作气量。另一类是矿山地质公园,当前全国有超过 50 余处国家矿山公园。可见我国对关闭/废弃矿井资源开发利用的研究正在不断取得突破,但是整体处于试验阶段,仍有待深入研究。

我国政府高度关注煤矿安全和关闭/废弃矿井资源开发利用。十八大以来,习近平总书记多次强调要加强安全生产监管,分区分类加强安全监管执法,强化企业主体责任落实,牢牢守住安全生产底线,切实维护人民群众生命财产安全[①]。2017 年 12 月,习近平总书记考察徐州采煤塌陷地整治工程,指出"资源枯竭地区经济转型发展是一篇大文章,实践证明这篇文章完全可以做好"[②]。2018 年 9 月,习近平总书记来到抚顺矿业集团西露天矿,了解采煤沉

---

① 新华网. 习近平对安全生产作出重要指示强调 树牢安全发展理念 加强安全生产监管 切实维护人民群众生命财产安全. (2020-04-10) [2020-05-10]. http://www.xinhuanet.com/2020-04/10/c_1125837983.htm.

② 新华网. 城市重生的徐州逻辑——资源枯竭城市的转型之道. (2019-04-19) [2020-05-10]. http://www.xinhuanet.com/politics/2019-04/19/c_1124390726.htm.

陷区综合治理情况和矿坑综合改造利用打算时强调，开展采煤沉陷区综合治理，要本着科学的态度和精神，搞好评估论证，做好整合利用这篇大文章①。

为了深入贯彻落实党中央和国务院的战略部署，中国工程院于 2017～2019 年开展了"我国煤矿安全及废弃矿井资源开发利用战略研究"重大咨询研究项目。项目研究提出：首先，我国应把关闭/废弃矿井资源开发利用作为"能源革命"的重要支撑，推动储能及多能互补开发利用，开展军民融合合作，研究国防及相关资源利用，盘活国有资产。其次，政府尽快制定关闭/废弃矿井资源开发利用中长期规划，健全关闭/废弃矿井资源治理机制，由国家有关部门牵头，统筹做好关闭/废弃矿井资源开发利用顶层设计，建立关闭/废弃矿井资源综合协调管理机构，开展示范矿井建设，加大资金项目和财税支持力度，为关闭/废弃矿井资源开发利用营造良好发展生态。最后，还应加大关闭/废弃矿井资源开发利用国家科研项目支持力度，支持地下空间国际前沿原位测试等领域基础研究，将关闭/废弃矿井资源开发利用关键性技术攻关项目列入国家重点研发计划、能源技术重点创新领域和重点创新方向，促进国家级科研平台建立，培养高素质人才队伍，突破关键核心技术，提升关闭/废弃矿井资源开发利用科技支撑能力，助力蓝天、碧水、净土保卫战。

开展我国煤矿安全及废弃矿井资源开发利用战略研究，不仅能够构建煤矿安全保障体系，提高我国关闭/废弃矿井资源开发利用效率，而且可为我国关闭/废弃矿井企业提供一条转型脱困和可持续发展的战略路径，对于提高我国煤矿安全水平、促进能源结构调整、保障国家能源安全和经济持续健康发展具有重大意义。

中国工程院　院士

2020 年 5 月

---

① 人民网. 抚顺西露天矿综合治理与整合利用总体思路和可研报告评估论证会在京举行. (2020-05-29) [2020-05-29]. http://ln.people.com.cn/n2/2020/0529/c378318-34051917.html.

前　　言

煤炭在我国一次能源生产和消费结构中的比重长期占 75% 和 65% 左右，支撑了我国国内生产总值由 1978 年的 3645 亿元增加到 2017 的 82.7 万亿元，为国民经济发展做出了巨大贡献。我国"贫油、少气"的能源禀赋需要煤炭起到基础能源压舱石的作用；有限的煤炭绿色资源量需要煤矿安全生产并及早进行布局；新时代提出的满足煤矿工人对美好生活的向往和国家安全发展战略均要求加强煤矿安全生产。为此，开展煤矿安全生产工程科技战略研究是我国保持长期稳定发展的必然要求。研究形成了以下主要成果。

(1) 通过煤矿安全生产的发展历程、现状及面临的挑战分析，提出了未来煤矿安全的五大变革方向。系统梳理了我国煤矿安全生产发展历程，共划分为煤矿安全生产水平大幅波动时期(1949～1977 年)、煤矿安全生产水平持续好转时期(1978～2002 年)、煤矿安全生产水平快速提升时期(2003～2017 年)、未来煤矿安全生产水平预测(2018 年以后)。在"去产能"的同时，煤炭开采技术革命不断推进。煤矿安全生产逐渐趋好。2018 年全国煤矿实现事故总量、较大事故量、重大事故量和百万吨死亡率"四个下降"，其中煤矿百万吨死亡率为 0.093，首次降至 0.1 以下，达到世界产煤中等发达国家水平，煤矿安全生产创历史最好水平，但仍面临发展不平衡、动力灾害难题、职业病危害、人才匮乏等挑战。本书提出了煤炭行业由高危向低危的转折，由分散小型化向集约化、大型化的转折，由单因素向多元因素耦合动力事故攻关的转折，由管控"死伤"向保护健康的转折，由体力型劳动者向复合型技能人才的转折。

(2) 根据我国煤矿安全生产工程科技发展现状和存在的问题，提出了新时代对煤矿安全生产的工程科技需求。从地质保障、建设与开采、灾害防治、职业危害防治四个方面，梳理了我国煤矿安全生产工程科技所涉及的技术与装备，针对性地指出了复杂煤田地质条件中勘探精度的不足、煤矿开采智能化程度较低、耦合动力灾害防治理论和技术手段还需进一步深入研究、应急救援技术装备不健全、职业健康保障尚未形成完整技术装备体系等问题。为此，提出了地质勘探预测与灾害源探测、煤炭精准智能无人开采、深部矿井多元耦合致灾防治、煤矿应急救援装备研发及职业危害防治等工程技术与装备的煤矿安全生产工程科技需求。

（3）分析了国内外先进煤矿安全生产工程实例，提出了煤炭安全生产工程科技启示。国内黄陵矿业集团有限责任公司无人化工作面开采案例说明智能化精准开采技术可实现地面远程操控采煤，减少采掘作业场所用工数量和危险场所的人员暴露概率，极大地提升了矿井安全生产水平；淮南矿业集团有限责任公司潘一煤矿煤与瓦斯共采说明采用先进的煤与瓦斯共采工程科技经验，突破"瓦斯是害"思维，通过地面钻孔、井下钻孔立体式抽采瓦斯，不仅减少了瓦斯气体的排放，而且"变害为宝"，实现了煤与瓦斯共采；国外 Tunnel Ridge 煤矿开采案例中煤矿智能化开采系统实现了矿井安全高效生产，2016 年商品煤生产能力达到 644 万吨，原煤生产能力为 1288 万吨，全年没有发生人员伤亡事故，工人在生产过程中呼吸的煤尘含量符合新的环保标准。本书根据国内外先进煤矿工程案例，提炼了提升矿山机械自动化水平的高效智能开采、优化布局开发优质煤炭资源、重视煤矿职业病危害防治及加强废弃矿井安全管控和综合治理利用等先进经验。

（4）根据我国能源需求、煤炭需求分析，对未来煤炭安全生产格局进行了研判。我国一次能源需求将在 2020～2035 年缓慢上升，2035 年出现峰值，随后进入平台期；煤炭在能源消费中的占比逐年下降，在 2050 年将降至 33%左右。本书依次测算了 2035 年、2050 年我国的煤炭生产量。以 2017 年原煤产量 35.2 亿吨为参考值，测算了 2020～2050 年三个情景下的原煤产量。随着科技不断进步，智能精准煤矿将实现井下无人化，煤炭行业安全将大幅好转。在智能精准煤矿达到 80%以上时，我国煤矿安全生产死亡数可减少到个位数。

（5）通过反复论证，制定了我国煤矿安全生产工程科技战略。在理念上，指导由灾害管控向源头预防、由单一灾害防治向复合防治、由局部治理向区域治理、由管控死伤向保障健康的"四大转变"；在途径上，精准探测达到矿井全息透明化，精准开采达到设备高效操控智能化，精准监控达到解危救援减灾化，精准防护达到职业健康化，使煤矿成为技术密集型企业，煤炭行业成为技术含量高、安全水平高、绿色无害化高科技行业，既要保障煤炭稳定可持续供应，又要满足工人对美好生活的向往。2035 年我国煤矿安全生产技术水平达到世界前列水平，2050 年达到世界领先水平。

（6）提出了五条促进煤矿安全生产工程科技的政策措施建议：①加大煤矿安全生产科技人才培养和保障力度，提升煤矿从业人员的技术水平，加大工资薪酬向特殊人才、井下一线和艰苦岗位的倾斜力度等；②加强煤矿安全科技攻关，研究多元因素耦合动力灾害链发生、发展、转化的机理，探索从源头上和从本质上控制煤矿灾害发生的颠覆性理论和技术；③加快推进精准智能开采示范工程，创立精准智能无人化开采与灾害防控一体化的煤炭开采新模式；④构建完善的职业健康保障体系，加大对静电感应粉尘浓度传感器等井下作业环境监测设备的研发和推广应用，建立统一的全国煤矿粉尘第三方在线检验检测中心，将职业健康纳入企业、地方政府等考核体系；⑤完善煤矿安全责任体系，加大对各级政府、煤矿安全部门和煤矿企业的安全生产绩效考核力度。

本书是中国工程院重大咨询研究项目"我国煤矿安全及废弃矿井资源开发利用战略研究"课题 1"我国煤矿安全生产工程科技战略研究"的研究成果。研究内容由天地科技股份有限公司完成的"煤炭资源精准智能安全开采战略研究专题"，煤炭科学研究总院、煤炭工业规划设计研究院有限公司完成的"煤炭开采灾害防治战略研究专题"及中国煤炭工业协会完成的"促进煤炭安全生产的政策措施研究专题"组成。

由于课题组水平有限，书中难免存在不足之处，诚恳地欢迎同行专家和读者批评指正，并提出宝贵的意见和建议。

编　者

2019 年 12 月

目　　录

第一章

加强煤矿安全生产的必要性

第一节 我国煤炭工业自身快速发展为 国民经济发展做出巨大贡献

　　煤炭是我国的主体能源。煤炭产业是我国重要的能源支柱性产业，有力地支撑了国民经济和社会的平稳较快发展。1978 年改革开放以来，我国开启了煤炭工业改革开放新篇章。煤炭行业全面深化改革，发展先进生产力，激发创新活力，行业整体面貌发生了巨大变化，取得了举世瞩目的成就，为国民经济平稳较快发展提供了有力的能源保障[1]。煤炭在我国一次能源生产和消费结构中的比重长期占 75%和 65%左右，支撑了我国国内生产总值由 1978 年的 3645 亿元增加到 2017 年的 82.7 万亿元，国内生产总值实现了年均 9%以上的增长。煤炭工业在保障国家能源安全稳定供应的基础上，有力地支持了电力、钢铁、建材、化工等产业的快速发展。我国煤炭工业在为国民经济发展做出巨大贡献的同时，锐意改革、不断进取，实现了科技创新、转型升级、绿色发展，整体上实现了历史性转变。

一、煤炭供应保障能力大幅提高

　　全国原煤产量由 1978 年的 6.18 亿吨增长至 2017 年的 35.2 亿吨，增长了 4.7 倍。40 年来，全国累计生产煤炭 693 亿吨，占一次能源生产总量的 74.3%[1]。

　　1978～1996 年，我国原煤产量直线上升，1996 年实现产煤 13.74 亿吨，其中国有重点煤矿产煤 5.37 亿吨，地方煤矿产煤 8.37 亿吨(含集体所有制及个体煤矿产量 6.14 亿吨)。当年全国煤炭工业总产值达 844 亿元，其中国有重点煤矿总产值为 412 亿元，地方煤矿总产值为 432 亿元[2]，国有重点煤矿和地方煤矿各占半壁江山。然而，由于地方煤矿遍地开花，产业集中度不高，安全生产水平低下，竞争优势不强，生产过剩局面开始出现，再加上 1997 年亚洲金融危机的严重影响，直接导致我国煤炭行业长达 5 年的低迷。直到 2002 年才开始出现恢复性增长，受国家宏观经济形势的带动，煤炭产量逐年增长，行业整体经济形势逐渐好转[3]。2013 年，原煤产量达到 39.7 亿吨的历史高点后，受经济增速放缓、能源结构调整等因素的影响，煤炭需求增速放缓，供给能力过剩，供求关系失衡，生产开始回落。2016 年，受"去产能"政策和需求放缓的双重影响，原煤产量为 34.1 亿吨，为 2010 年以来的最低点。2017 年，随着国民经济稳中向好，煤炭需求回暖，优质产能加速释放，原煤生产呈恢复性增长，全年原煤产量达到 35.2 亿吨[4]。

截至 2018 年底，煤炭行业累计淘汰退出落后过剩产能 8.1 亿吨，提前 2 年完成了"十三五"的产能退出任务。2020 年 1 月 15 日，国务院新闻办公室就 2019 年中央企业经济运行情况举行发布会，国务院国有资产监督管理委员会表示，2019 年煤炭去产能任务全面完成。随着煤炭去产能步伐加快，南方不符合安全生产条件的小煤矿退出较多，原煤生产逐步向资源条件好、竞争能力强的晋陕蒙地区集中，区域供应格局发生变化，对运力配置提出了新的挑战，煤炭铁路运输的压力加大[5]。另外，受气候变化和总体用能需求增加、"公转铁"及铁路运力紧张等因素影响，迎峰度夏、迎峰度冬等特殊时段煤炭保供压力增加，难免出现区域性和时段性供给紧张问题，但整体供给平衡局面已经基本形成。

二、煤炭企业生产结构不断优化

2017 年，全国煤矿数量为 7000 处左右，建成年产 120 万吨及以上的大型现代化煤矿 1200 处左右，其煤炭产量占全国煤炭总产量的 80%左右；建成千万吨级煤矿 37 处，产能为 6.3 亿吨/年；在建和改扩建千万吨级煤矿 34 处，产能为 4.4 亿吨/年。2017 年，我国年产超过 2000 万吨的煤炭企业达到 27 家，比 1978 年增加 25 家，其煤炭产量占全国煤炭总产量的 59%；我国年产超过亿吨的煤炭企业有 6 家，其煤炭产量占全国煤炭总产量的 30.5%。我国煤炭工业已由单一的国有制转变为多种经济成分并存，由煤矿数量多、规模小转变为以大基地、大集团、大煤矿为主体，由产业集中转变为分散再到更集中[3]。

1978 年改革开放之初，全国国有煤矿数量为 2263 处，产量为 46428 万吨，平均单井规模 20.52 万吨/年；乡镇煤矿产量为 9352 万吨，占全国总产量的 15.4%[3]。进入 20 世纪 80 年代，为了缓解煤炭供应紧张的压力，国家提出"有水快流""国家个人集体一齐上，大中小煤矿一起搞"的煤炭产业发展思路，到 1988 年，全国煤矿数量达到 6.5 万处，平均单井规模下降到 1.52 万吨/年；其中乡镇煤矿快速发展到 6.3 万处，单井规模仅为 0.56 万吨/年[3]。尽管乡镇煤矿雨后春笋般的发展缓解了全国煤炭供应紧张的局面，但对整个煤炭产业造成了难以估量的影响。

20 世纪 90 年代以来，我国煤炭产业的市场集中度 CR4（行业前四名份额集中度指标）一直低于 10%，CR8（行业前八名份额集中度指标）一直低于 15%，即使产业中所有特大型（年产超过 1000 万吨）企业的集中度也仅在 20% 左右。1992 年煤炭工业部提出了"建设高产高效矿井，加快煤炭工业现代化"的概念[3]，"双高"矿井建设首次成为煤炭行业发展战略。此后，全国推进大型煤炭基地建设进展得如火如荼：山西组建山西焦煤集团有限责任公司，并以七大主体实施大规模兼并重组；神华集团有限责任公司兼并内蒙古西三局、宁夏煤业集团和乌海能源公司等；河北形成冀中能源集团有限责任公司和开滦（集团）有限责任公司南北两家遥相呼应的局面；吉林和黑龙江在省内形成吉煤集团有限责任公司和龙煤矿业控股集团有限责任公司；山东形成山东能源集团有限公司和兖矿集团（简称兖矿）；南方地区如四川、江西、重庆、湖南、福建及云南等基本都形成了省（市）内的一家煤炭集团。经过十几年的努力，到 2008 年，全国共有各类煤矿 1.8 万处，生产煤炭 27.93 亿吨，平均单井产量提高到 126.63 万吨/年[3]，其中千万吨以上矿井 24 处，产量达 3.2 亿吨，全国大中小煤矿产量比重为 50：12：38，大型矿井产量规模首次提升到一半以上，产业集中度得到大幅提升。

此后的十年里，煤炭行业"双高"矿井建设和淘汰落后产能不断推进。大型现代化煤矿已经成为煤炭供应的主力军；同时，煤炭开发布局加速向资源条件好的地区转移。2017 年，晋陕蒙煤炭产量占全国煤炭总产量的 66.8%，比 1978 年提高了 46.1 个百分点；东部地区煤炭产量占全国煤炭总产量的 9.4%，比 1978 年下降了 32.9 个百分点[1]。2017 年，14 个大型煤炭基地的煤炭产量占全国煤炭总产量的 94.3%。这些地区的煤矿普遍资源禀赋好、达产率高，对保障煤炭稳定供应的作用日益突出。

三、行业自主创新能力不断增强

采掘方式由以手工作业和半机械化为主转变为以机械化、现代化、信息化、智能化为主，科技贡献率明显提高。目前，我国建成了年人均生产效率达到或超过万吨的大型现代化煤矿 80 多处。其中，补连塔煤矿井型规模为 2800 万吨/年，是目前世界上最大的井工煤矿；哈尔乌素露天煤矿和宝日希勒露天煤矿生产能力均达到 3500 万吨/年。同时，我国还建成了 70 多个不同程度的智能化采煤工作面。2017 年，大型煤炭企业（原国有重点煤矿）采煤机械化程度达到 97.8%，比 1978 年提高了 65.3 个百分点，2017 年原煤生产人员效率达到 8.2 吨/工，是 1978 年的 0.931 吨/工的 8.8 倍[1]。

从中华人民共和国成立到 1978 年，我国煤矿开采仍较落后，主要采用穿峒式、高落式、残柱式等旧的采煤方式，后来发展到长壁式采煤法，机械化程度和回采率逐步提高。1978 年以后，我国煤炭工业经历了从炮采、普采到综采，采煤机械化程度进入快速发展时期。1987 年重新修订《煤炭工业技术政策》，进一步推进了综合机械化采煤，同时开始了综采放顶煤技术、连续采煤机房柱式采煤方法的研发和推广[1]。1992 年 8 月，兖矿首个综采放顶煤工作面在兴隆庄煤矿成功投产。综采放顶煤技术获得国家科学技术进步奖一等奖。与此同时，综合机械化掘进工艺集掘进、装岩、运煤等多种功能为一体，实现了综合掘进机械化，支护模式也从木桩支护、铁架支护发展到锚杆支护。锚杆支护，不但支护效果好，而且用料省、施工简单、有利于机械化操作、施工速度快[6]。

进入 21 世纪后，我国加紧自主研发大型煤矿机械装备，逐步实现了煤机装备国产化、煤矿工作面智能化开采，煤机装备制造位于世界先列，引领了国际煤炭智能化开采发展方向。我国千万吨综采工作面不断涌现，年产 1000 万吨的综采设备、采煤机、液压支架和运输机，全部实现了国产化，并达到了世界水平[3]。2007 年，我国国有重点煤矿采掘机械化程度由改革开放初期的 30%提高到了 86%。目前，我国综采机械化开采技术已经发展到智能化综采，实现了远距离控制操作，一些先进煤矿工作面已经实现了自动化开采、智能化开采，我国煤炭行业自主创新能力提升到了一个新的水平。与此同时，我国煤炭企业和谐矿区建设取得了新的成就，花园式矿区、国家级矿山公园层出不穷，矿工棚户区改造日新月异，煤矿工人幸福指数在不断提高。

预计到"十三五"末，煤炭行业科技贡献率将达到 55%，比"十二五"末提高 6 个百分点，大中型企业科技投入将占到当前营业收入的 3%，煤炭科技人才队伍建设将取得显著成效。

四、煤矿安全状况实现历史性转变

2017 年全国煤炭生产死亡人数由 1978 年的 6001 人减少到了 375 人，

全国煤炭生产百万吨死亡率由 9.71 下降到了 0.106。

一直以来，我国煤矿安全生产事故居高不下，"矿难"一词一直是笼罩在中国矿工头上的阴影。改革开放之前，我国煤矿安全生产管理体系被破坏，煤矿事故频发。1978 年我国煤炭生产死亡 6001 人，百万吨死亡率为 9.71。改革开放初期，我国煤矿安全监察管理体制得到恢复，安全生产不断取得进步。1997 年，由于煤炭生产严重过剩和亚洲金融危机的严重影响，煤炭企业陷入困境，安全生产投入严重不足，安全生产事故多发，死亡人数攀升至 6753 人，百万吨死亡率达 5.1。2002 年以后，我国经济进入新一轮快速增长期，对煤炭的需求日益增大及煤炭管理体制的变革[3]，再加上之前安全投入的长期严重不足，特别是一些乡镇煤矿不具备安全生产条件、无证开采、非法超层越界开采，导致煤矿死亡人数增加。但整体来看，随着安全投入和科技保障水平的不断提高，死亡率呈不断下降趋势[3]。2005 年，百万吨死亡率降至 2.81，2007 年下降到 1.485，2009 年下降到 0.892，这是我国煤炭工业百万吨死亡率首次降至 1 以下；2011 年降至 0.564，死亡人数首次降至 2000 人以内；2012 年，我国煤矿百万吨死亡率为 0.374，同比下降 33.7%，这是我国煤炭工业百万吨死亡率首次下降到 0.5 以内，具有历史性意义；特别地，我国煤矿瓦斯防治和抽采利用成效显著，瓦斯事故死亡人数由 2005 年的 2171 人下降到 2017 年的 103 人，死亡人数下降了 95%，瓦斯事故起数由 2005 年的 414 起下降到 2017 年的 25 起，瓦斯事故起数下降了 94%，瓦斯综合利用率达到 52%。煤矿瓦斯防治和抽采利用不但使煤矿瓦斯事故得到遏制，而且使"瓦斯"这一煤矿头号杀手实现"变害为宝"。

2013 年以来，我国煤矿安全生产连年创出新的佳绩，尤其是受益于 2015 年的煤炭资源大整合，煤炭行业机械化、自动化开采率提高，2015 年我国煤矿百万吨死亡率同比下降 38.13%，创 2001 年以来的最大降幅，达到 0.157。截至 2017 年底，在我国煤炭产量增加、市场需求旺盛的情况下，全国煤矿实现事故总量、重特大事故、百万吨死亡率"三个明显下降"，全国煤矿共发生事故 219 起、死亡 375 人，分别同比减少 30 起、151 人，分别下降 12% 和 28.7%；百万吨死亡率为 0.106，同比减少 0.05、下降 32.1%；在煤矿安全生产形势持续稳定好转的同时，我国煤矿职业安全卫生管理体系得到进一步完善。

五、以煤为主、多元产业实现协同发展

我国煤炭产业链实现历史性转变，煤炭产业链延伸进程加快，由单一产业、单一经营转变为多元发展、综合发展，相关产业联营发展、一体化集约化发展持续推进。目前，我国煤炭企业参股、控股电厂权益装机容量达到3亿千瓦。煤制油、煤制烯烃、煤制气、煤制乙二醇产能分别为800万吨/年、800万吨/年、51亿米^3/年、270万吨/年[1]。

改革开放初期，我国煤炭行业以单一产业经营为主，国有煤矿在计划经济时代严格按照国家下达的计划任务进行生产，经营方式也很简单，辅业形式单一。随着我国社会主义市场经济的发展与成熟，煤炭企业在做大做强、参与市场竞争的过程中，形成了一大批生产服务、生活服务和多种经营企业。"十一五"期间，煤炭行业开始剥离企业办社会职能，大力推进主辅分离、辅业改制，取得了转型发展的初步胜利。进入21世纪之后，煤炭行业在国家宏观经济的推动下，迎来了阶段性的大发展、大繁荣，在国家政策的鼓励下产业链开始向上下游延伸，煤炭企业与煤电、化工、建材、冶金、物流等行业重组联营，进入新的阶段[3]。

2013年，我国经济进入新常态，为推进经济结构调整，国家开始推进供给侧结构性改革，煤炭行业是供给侧结构性改革的重点行业。七年来，煤炭行业坚持走多元化、高端化、绿色化、服务化发展道路，通过兼并重组、参股控股、战略合作、资产联营等多种形式，推动煤炭企业与上下游产业、新技术、新业态融合发展，从传统煤炭开采业向现代产业体系嬗变，实现了煤炭由燃料向燃料与原料并重转变，初步形成了煤炭开采、电力、煤化工、建材、新能源、现代物流、电子商务、金融服务等多元化产业协调发展格局[3]。值得一提的是冀中能源国际物流集团有限公司，其顺应国家物流产业政策，以物流产业为主营，以物流金融为依托，为客户提供供应链一体化综合服务，现已形成"贸易、服务、金融、制造"四大集群，创新发展了"第三方物流、物流园区、国际贸易、电子交易、融资租赁、商业保理、物流金融"七大商业模式[7]，为我国煤炭企业转型升级提供了新思路和发展蓝本。

在淘汰落后产能的同时，大力发展煤电联营，深入推进煤电一体化、煤焦一体化、煤化一体化等产业融合发展。2008年12月，世界上最大的煤制油项目——神华集团鄂尔多斯煤直接液化示范工程产出了合格的柴油和石

脑油，使我国成为世界上唯一实现百万吨级煤直接液化关键技术的国家。2016 年 12 月，经过十多年的艰辛探索和三年多的建设，全球单体规模最大的煤制油工程——宁夏煤业集团有限责任公司煤制油示范项目建成投产，是目前世界上单套投资规模最大、装置最大、拥有中国自主知识产权的煤炭间接液化示范项目[3]。2017 年，神华集团有限责任公司与中国国电集团公司成功重组为国家能源投资集团有限责任公司，在推进煤电联营、兼并重组、打造新型能源企业等方面做出了良好示范。

六、煤炭工业国际化迈上新台阶

我国煤炭企业"走出去"获得新的突破，国际化程度日益提升，国际话语权不断加重，已经全面融入国际煤炭市场，在"一带一路"建设中扮演着重要角色。1978 年，我国煤炭进口量为 244 万吨，出口量为 312 万吨。2008 年之后，我国煤炭进口量逐渐超过出口量。2017 年，我国煤炭进口量为 27090 万吨，出口量为 817 万吨[8]。

我国煤炭企业国际化进程经历了三个阶段：从"引进来"到"走出去"，煤炭国际合作范围不断扩大；从以煤炭贸易为主到全面改革开放，国际合作的水平不断提升；从国内市场到国际市场，煤炭市场价格实现了与国际接轨。改革开放之初，我国煤炭领域的国际合作主要是通过引进资金、技术和装备完成的。20 世纪 70 年代末，国家先后利用国际能源贷款 36.91 亿美元，开发建设煤矿 18 处；与美国、日本、德国等合作，建成了当时具有国际先进水平的煤炭直接液化实验室；引进了 100 多套综采设备和掘进设备，为我国煤矿机械化生产奠定了基础。进入 21 世纪以来，我国许多煤炭企业纷纷"走出去"，到国外开发煤炭资源，煤机装备也成功出口到了主要产煤国家，中国煤炭工业实现了从单一的"引进来"到"引进来"与"走出去"并行，从国外企业到国内市场竞争发展为中国煤炭企业全面参与国际市场竞争的历史性转变[8]。

1997～1999 年，中国煤矿机械装备有限责任公司(CME)负责国内成套，向土耳其埃奈兹和欧姆勒煤矿出口大型成套综采放顶煤设备和提供现场技术服务。中国煤炭科工集团常州研究院有限公司提供胶带运输控制装置、数字程控调度通信系统；郑州煤炭机械集团有限责任公司和中煤北京煤矿机械有限责任公司提供支架；中煤张家口煤矿机械有限责任公司提供刮板机；西北煤矿机械一厂提供转载机；唐山冶金矿山机械厂有限公司提供胶带输送机；徐州煤矿机械厂提供真空磁力启动器等。窑街矿务局和徐州矿务局参与项目工程。煤炭科学技术研究院有限公司开采研究所负责现场技术服务。现场服务历时两年，圆满完成任务，成绩显著。

1999 年，国家出台一系列鼓励煤炭出口的煤炭贸易政策后，煤炭出口量快速增加，2003 年创下了 9402 万吨的煤炭出口最高纪录；2004 年 4 月，国家根据经济发展需要，出台了一系列鼓励煤炭进口、控制煤炭出口的煤炭贸易政策，导致煤炭出口量快速回落，煤炭进口量快速增加，我国逐步由以煤炭出口为主的国家，演变成煤炭净进口国家。2009 年我国首次成为煤炭净进口国，当年进口煤炭共计 1.26 亿吨，出口煤炭共计 2240 万吨，煤炭净进口量超过 1 亿吨。2013 年，进口煤炭 3.27 亿吨，出口煤炭 751 万吨，煤炭进出口贸易量已经达到 3.3 亿吨，是 1997 年的 64.85 倍。近年来，煤炭进口量迅速回升，2016 年和 2017 年全年煤炭净进口量分别达到 2.5 亿吨和 2.6 亿吨，比 2015 年分别增加了 4804 万吨和 6401 万吨[8]。

近年来，我国煤炭行业参与"一带一路"共建共享不断加深。2013 年"一带一路"倡议逐步得到大多数国家的响应和认可，为我国煤炭企业提供了新机遇、新舞台。我国煤炭企业参与"一带一路"建设的程度不断加大，在更高层次、更大规模、更广领域参与国际竞争，大型煤机装备成功出口到俄罗斯、印度、美国等主要产煤国家，煤炭工业的国际影响力显著增强[9]。2017 年 11 月，兖州煤业澳大利亚有限公司所属的年产 2100 万吨的莫拉本煤矿投产，这是继 2004 年 12 月成功收购澳大利亚南田煤矿、2010 年 1 月成功收购澳大利亚菲利克斯公司之后，继续书写着我国煤炭企业"走出去"开发国外煤炭资源的新篇章。在当前形势下，煤炭企业积极参与多边机构合作，加强与世界采矿大会、国际能源署、世界煤炭协会等国际组织的对话与交流，不断增强对国际煤炭市场的话语权，构建国际贸易与技术交流平台，完善多边贸易机制和联系机制，培育具有国际影响力的知名品牌，更好地融入全球分工体系，形成国际合作和市场竞争的新优势[9]。

七、煤炭职工文化素质不断提升

我国煤炭职工文化素质全面提升，煤矿职工由文盲半文盲占高比例转变为高中以上学历占高比例，煤炭工业劳动模范、先进工作者均成为行业的中流砥柱。

我国是世界上较早开采利用煤炭的国家。近代以来，我国逐渐沦为半殖民地半封建社会，西方帝国主义列强在中国掀起侵略和掠夺资源的高潮，我国煤炭产业工人自始至终都与帝国主义势力进行着不屈不挠的斗争。1878 年建矿的开滦煤矿是较早利用近代"西法"科技开采煤炭的矿井之一，是帝国主义在中国掠夺资源的有力见证。工业无产阶级在中国革命中处于重要地位，他们受压迫最深，革命性很强，因此他们特别能战斗。中华人民共和国成立后，煤矿工人翻身做了主人，但由于历史和时代原因，中华人民共和国成立之初我国煤矿工人文盲半文盲占绝对比例，达到 90%左右。

1978 年改革开放后，全国高校恢复招生，煤炭工业部直属的 14 所矿业学院加大招生规模和培养力度，为煤炭科技、经营管理、后勤服务等各专业培养了大量人才[3]，对保障煤炭工业的健康可持续发展起到了关键作用。长期以来，煤炭系统通过开展各种各样的师带徒、传帮带、技术文体竞赛活动，涌现了一大批技术大拿、生产标兵、岗位能手、先进工作者、劳动模范，他们身上体现着"特别能战斗"的精神，为中华人民共和国的社会主义建设、特殊时期保障能源供给立了功、救了急、出了力，值得全社会学习和尊重。

1997 年，煤炭行业遭遇全行业低迷，煤矿安全生产受到挑战，煤矿流失了一大批技术骨干和优秀人才，煤炭院校招生受到严重影响。对此，党和政府高度重视，不断加大对煤炭院校和涉煤专业的支持力度，鼓励优秀学子报考煤炭院校；同时，加大对煤炭科技人才和重点科研项目的支持力度，自2002 年以来煤炭系统涌现出了一大批以中国工程院院士、中国科学院院士为代表的高层次、高水平的科技工作者[3]；2007 年，在党和政府的支持下，全国工业劳动模范、先进工作者表彰大会在北京召开，这是煤炭工业管理部门撤销后首次评选全国劳模和先进工作者，极大地鼓舞了煤炭工人干事创业的劳动热情和主人翁精神；同时，在煤炭企业内部，"赶学比帮超"的劳动竞赛进行得如火如荼，职工技校、培训中心、夜大学、煤矿职工书屋、阅览室等各具特色的学习机构和环境极大地提升了煤矿职工的文化素质。近年来，各煤炭企业涌现出一批"大学生采煤队"，以其精干、高效、敬业的崇高精神和专业素质成为一道靓丽的风景线，体现出我国优秀青年学子献身煤炭事业的家国情怀，他们是新时期煤炭工业的优秀代表；在他们身上，老一辈煤炭人传承下来的"特别能战斗"的煤炭精神永不褪色、"特别能战斗"的旗帜高高飘扬[3]。

八、煤炭绿色发展成果显著

2017年，全国原煤入选率达到70.2%，比1978年提高了53.5个百分点。1985年，全国原煤生产电耗为26.46千瓦·时/吨，并在2000年一度达到33.04千瓦·时/吨。2017年，全国原煤生产电耗下降至21.2千瓦·时/吨。2017年，煤矸石综合利用率达到67.3%，比1978年提高了40.3个百分点。2017年，矿井水利用率、瓦斯抽采利用率、土地复垦率分别达到72%、52.3%、48%[1]。

经过几十年的不懈努力，我国已经建成许多煤炭行业国家级绿色矿山和国家矿山公园，矿区环境大为改善，"绿水青山就是金山银山"成为时代主流，转型升级发展成为新时代煤炭企业的神圣使命。

煤矿是资源型企业，煤炭是宝贵的不可再生资源。我国一些大型煤炭企业已经走过百年开采历史，煤炭资源濒临枯竭，煤矿开采作为煤炭企业的主营业务日益萎缩，但退出煤矿开采并不代表退出历史舞台，建设绿色矿山和国家矿山公园成为现实选择。

改革开放以来，我国面临严重的资源短缺，特别是能源资源严重短缺，而作为基础能源的煤炭在我国经济建设中的作用举足轻重。"有水快流""大干快上"成为时代潮流，"采肥弃瘦""捡肥丢瘦"不可避免，资源浪费十分严重，对资源环境造成严重损坏。进入21世纪以来，我国煤炭企业绿色矿山建设步伐加快，新技术、新材料、新工艺不断出现，机械化、自动化、信息化、智能化程度不断提升，"黑色煤炭、绿色开采""高碳能源、低碳开采""节约资源、吃干榨净"的观念深入人心，绿色矿山建设日新月异，对资源和环境的保护力度越来越大，取得了显著成就；特别是煤炭资源回采率逐年提高，矿井煤柱、边角煤得到"吃干榨净"；煤炭洗选加工和煤炭清洁高效利用技术得到大力推广；沿空留巷、充填开采、保水开采、无煤柱开采及地(水)源热泵技术得到普及和应用，等等，这些新工艺、新技术使得煤炭在开采、加工、使用过程中将污染、浪费和扰动降低到最低限度，矿区环境治理日益完善，越来越多的现代化煤矿达到绿色矿山标准，"绿水青山就是金山银山"的理念在煤炭行业得到很好的贯彻和践行[10]。

随着供给侧结构性改革的深入推进，煤炭行业淘汰落后产能进入深水区和攻坚期，2017年底我国煤矿完成淘汰落后产能累计达5.4亿吨，结构转型取得决定性胜利。同时，一些退出生产的煤矿由于有着厚重的历史文化底蕴，有的曾经见证过我国晚清"同光中兴"的洋务运动、帝国主义列强在中华大地瓜分和掠夺资源、在抗战硝烟中为支援前线屡立战功，直到在中华人民共和国社会主义建设中"出了力、立了功、救了急"的老煤矿、老矿区，有着"特别能战斗"精神，在退出生产后依然"退而不休"，经改造转型成为各具特色的国家矿山公园、爱国主义教育基地及纪念馆、博物馆、科技馆、井下探秘游等旅游场所，不但继续承担起教育和激励一代又一代青年奋发图强的神圣使命，而且为煤矿退出生产后的转型发展提供了新的思路和有益探索。位于四川乐山境内的嘉阳煤矿成立于抗战时期，具有 80 多年的悠久历史，拥有大量工业遗迹和外国建筑遗存，有被誉为"工业革命活化石"，拥有目前国内乃至全世界唯一还在正常运行的客运窄轨蒸汽小火车，是开展工业旅游和爱国主义教育的绝好素材；2008 年老矿区已关闭的黄村井被重新打开，体验式的矿井博物馆建成；2011 年 9 月，嘉阳国家矿山公园开园。如今，该矿每年旅游收入达 2000 多万元，实现了社会效益和经济效益的双丰收。

　　未来我国煤炭工业将继续向着高科技、智能化、多元化、洁净化、安全化发展，高起点、高站位的未来煤矿绿色矿山建设将颠覆大众对煤矿的概念和认知，煤炭将不仅仅作为燃料，更重要的是将作为多种工业的原材料，服务和贡献于中国特色社会主义建设的方方面面，为把我国建成为富强、民主、文明、和谐、美丽的社会主义现代化强国做出新的、更大的贡献。

第二节　煤矿生产是新时代国家能源安全的迫切需要

一、煤炭仍将是我国的主体能源

　　国家正在压缩煤炭比例，但按照国情我国还将以煤为主。我国煤炭资源丰富，在发展新能源、可再生能源的同时，煤炭仍将作为主体能源。虽然煤炭在能源结构中的比重会有所下降，但煤炭消费绝对量很难大幅度下降。2017 年我国能源消费总量为 44.9 亿吨标准煤，其中煤炭消费占能源消费总量的 60.4%[11]。国家发展和改革委员会、国家能源局印发的《能源发展"十三五"规划》和国务院印发的《打赢蓝天保卫战三年行动计划》预测，到 2020 年，全国煤炭占能源消费总量比重下降到 58%以下；据中国工程院发布的《中国能源中长期(2030、2050)发展战略研究报告》预测，2050 年煤炭占我国一次能源消费比重将控制在 50% 以下。

新时代要求构建安全高效、清洁低碳的能源体系。煤炭资源的可靠性、价格的低廉性、利用的可洁净性，决定了煤炭仍将是建成现代化强国、实现中华民族伟大复兴的中国梦的能源保障[12]。

二、保障煤炭安全稳定供应需要加强煤矿安全生产

近年来，我国石油天然气对外依存度不断提升，2017 年，我国石油对外依存度接近 70%，天然气对外依存度接近 40%（图 1-1），可再生能源比重逐步加大，煤炭作为我国能源供应体系的稳定器和压舱石，需要时刻准备应对可再生能源供应波动和化石能源供应不足的严峻风险。2018 年发生在山东龙郓煤业有限公司的"10·20"事故，引发山东 41 处受冲击地压威胁，较严重的煤矿开展隐患排查，停止生产，日均减少煤炭供应超过 30 万吨，山东及周边煤炭供应吃紧，焦化、供暖受到严重影响。因此煤矿安全生产不仅是煤矿企业自身经营的需要，更是所在区域乃至全国能源安全稳定供应、人民正常生活的需要。

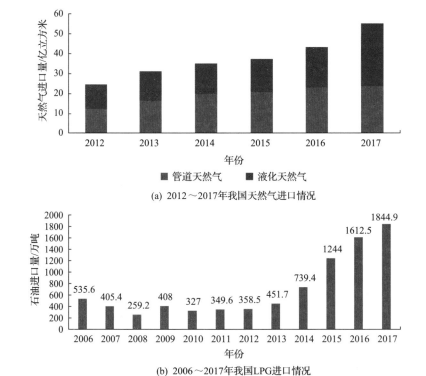

(a) 2012～2017年我国天然气进口情况

(b) 2006～2017年我国LPG进口情况

图 1-1　液化石油气、天然气进口情况

第三节 有限的绿色资源量要求及早加强煤炭安全生产布局

一、煤炭资源赋存复杂

我国煤炭资源分布地域广阔，煤炭资源形成和演化的地质背景多种多样，不同聚煤期、不同地质环境的成煤条件、聚煤规律和构造演化差异显著，各地区的自然地理和生态环境、经济发展水平也有很大差别[13]。

(一)资源分布不均

我国煤炭资源除西北、华北、西南地区相对集中以外，其他地区均呈现明显的零星分布特点，煤炭资源总体呈现出"西多东少，北富南贫"的分布特征。

我国煤炭资源赋存情况主要受东西向的昆仑—秦岭—大别山构造带、天山—阴山—图们山构造带两大巨型构造带和斜贯中国南北的大兴安岭—太行山—雪峰山构造带、贺兰山—六盘—龙门山构造带控制。秦岭—大别山造山带以北赋煤盆地多，多为大型赋煤盆地，特别是东北、华北及西北的阿尔金山以西地区发育大型赋煤盆地，如准噶尔、塔里木、鄂尔多斯、二连、松辽等，还包括吐哈、焉耆、大同、沁水、海拉尔、漠河等中型盆地，而以南赋煤盆地少。而秦岭—大别山以南仅四川盆地为大型含煤盆地，其余多为中小型赋煤盆地，且分散于赣中、闽北、闽西、滇西南及两广南部近海地区。在造山带或造山带附近临近区域的煤盆地规模普遍偏小，甚至没有煤盆地分布。

(二)深部资源所占比例大

我国煤层埋藏深，煤田构造整体复杂。在我国已有的 5.57 万亿吨煤炭资源中，埋深在 1000 米以下的为 2.95 万亿吨，约占煤炭资源总量的 53%。煤矿深部岩体长期处于高压、高渗透压、高地温环境和采掘扰动影响下，使岩体表现出特殊力学行为，并可能诱发以煤与瓦斯突出、岩爆、矿井突水、顶板大面积来压和冒落为代表的一系列深部资源开采中的重大灾害性事故[14]。

（三）开采条件复杂

我国在世界各主要产煤国家中属于开采条件差、灾害多的国家，主要灾害有：瓦斯、顶板、矿井火灾、水害、冲击地压、尘害、热害等。

从地区来看，高突矿井地域相对集中地分布于中南和西南部的贵州、山西、四川、云南、江西、湖南、重庆、河南 8 个省、直辖市。而安徽、山西、河南和重庆 4 个省、直辖市的煤矿瓦斯灾害尤为严重，具有瓦斯含量高、瓦斯含量大等特点。贵州、湖南、云南和四川高突矿井多，且大部分中小型煤矿瓦斯防治能力差、产能分散，瓦斯防治形势严峻。

水文地质类型复杂及以上矿井相对集中分布于中东部和西南部的河北、山西、安徽、山东、河南、四川、贵州、云南、陕西和新疆 10 个省、自治区。河北、安徽和陕西 3 个省水文地质类型复杂和极复杂矿井产能超过其各自总产能的 30%。

煤尘具有爆炸性的矿井相对集中分布于中部、东北和西南部的山西、河南、黑龙江、重庆、贵州、云南、陕西 7 个省、直辖市。其中黑龙江、山西、重庆、陕西 4 个省、直辖市大部分煤矿的煤尘具有爆炸性。

自燃灾害矿井主要集中分布于西北地区的新疆（包括新疆生产建设兵团）、陕西、内蒙古、山西等省、自治区和西南地区的云南、贵州两个省。江苏、新疆（包括新疆生产建设兵团）、山东 3 个省、自治区自燃灾害矿井比重高。

冲击地压灾害矿井相对集中分布于中东部和东北部的山西、江苏、山东、河南、黑龙江 5 个省，且甘肃、山东和江苏深部矿井多，冲击地压灾害尤为严重。随着开采深度的增加，内蒙古等地的煤矿也出现了冲击地压灾害。

二、煤炭绿色资源量有限

中国工程院重点咨询研究项目"我国煤炭资源高效回收及节能战略研究"提出了"绿色资源量"的概念，是指能够满足煤矿安全、技术、经济、环境等综合条件，并支撑煤炭科学产能和科学开发的煤炭资源量。研究结果显示，我国可供开采的绿色煤炭资源量极其有限。我国预测煤炭资源量约 5.97 万亿吨，探明煤炭储量 1.3 万亿吨，而我国绿色煤炭资源量只有5048.95 亿吨，仅占全国煤炭资源量的 10%左右[14]。以下分区介绍其特点。

（一）晋陕蒙宁甘区

晋陕蒙宁甘区资源丰富，煤种齐全，煤炭产能高，是我国煤炭资源的富集区、主要生产区和调出区，区内查明煤炭资源量 8947.74 亿吨，其中绿色资源量 3697.61 亿吨，绿色资源量指数达 0.57，占全国绿色资源量的 73.2%，资源禀赋最为优异。

（二）华东区

华东区查明煤炭资源量 1191.35 亿吨，其中绿色煤炭资源量 418.32 亿吨，绿色资源量指数为 0.44。区内主要赋存石炭-二叠系含煤地层。由于华东区煤炭开发时间长，区内浅部资源已所剩不多，主力矿区已进入开发中后期，转入深部开采。

（三）华南区

华南区保有资源量 1143.11 亿吨，绝大多数分布于川东、贵州和滇东地区，其他各省份属贫煤区，保有资源和剩余资源的绝对量普遍较低。煤层赋存的典型特点是煤与瓦斯突出、突水等灾害严重，绿色煤炭资源量为 253.15 亿吨，绿色资源量指数仅 0.31。

（四）东北区

东北区经过一个多世纪的高强度开采，现保有煤炭资源量普遍较少，开采深度大，很多矿井瓦斯、水、自然发火、冲击地压、顶板等多种灾害并存，治理难度大。该地区绿色煤炭资源量仅为 46.1 亿吨。

（五）新青区

新青区查明煤炭资源量 3749.69 亿吨，其中绿色煤炭资源量为 633.77 亿吨，绿色煤炭资源量指数为 0.55。新疆地区的准东、三塘湖、淖毛湖、大南湖、沙尔湖、野马泉等大煤田多为巨厚煤层赋存条件，缺乏成熟的开发技术。

绿色煤炭资源主要分布在晋陕蒙宁甘区域，为 3697.61 亿吨，约占全国绿色资源量的 73.23%。新青区为 633.77 亿吨，约占 12.55%。华东区、华南区和东北区绿色煤炭资源量分别为 418.32 亿吨、253.15 亿吨和 46.1 亿吨，三区合计仅占 14.22%。

三、要求及早加强煤矿安全开采布局

随着煤炭绿色资源量的不断减少，煤炭安全开采形势依然严峻。主要表现在以下两个方面。

一方面是我国中东部矿区开采历史较长，深度开采带来的煤矿开采灾害日趋严重。随着我国中东部地区浅部资源的日趋枯竭，深部资源开采成为趋势。从全国来看，煤矿开采深度平均每年增加 10～20 米，我国目前千米深井已有 70 余处，最大深度达到 1500 米左右[12]。随着开采深度的增加，开采条件更加复杂恶劣，最大地应力超过 40 兆帕，全国共有 62 个高温矿井，其中工作面温度超过 30 摄氏度的有 38 个，煤矿水文地质条件趋于复杂，水害种类不断增加，坚硬顶板"离层水"、隐伏陷落柱、高承压水、煤层群开采回采下层煤等水害威胁日趋严重。此外，瓦斯突出、冲击地压、热害等矿井灾害特点都呈现出新的变化，出现了多种债还耦合，增大了灾害的复杂性。

另一方面是西部矿区灾害技术亟待攻关。西部矿区煤炭资源丰富、储量巨大，西部地区相比于中东部地区地层赋存特征差异较大，造成现有中东部矿区的开采技术经验难以适用于西部矿区。西部矿区的高强度开采带来了一系列严重的地质灾害：超长工作面、大采高开采导致大范围顶板切落压架；顶板岩层破坏所形成的裂隙通道导致突水或突水溃沙；地下水的流失造成地表植被死亡、草地沙漠化等生态环境问题；更为严重的是这些地质灾害相互影响，导致发生重特大的矿山和环境灾害。根据西部矿区煤炭高强度开采下典型地质灾害的特征，可将其分为三类：突水溃沙型地质灾害、顶板切落型地质灾害、突水溃沙与顶板切落并发型地质灾害。西部矿区的高强度开采带来的相关灾害防治技术问题已逐渐成为煤炭安全高效开采的掣肘[15]。

按国家能源需求和煤炭资源回收现状，绿色煤炭资源仅可开采 40～50 年，大面积进入非绿色煤炭资源赋存区开采不可避免，因此，必须提前布局，做好工程科技储备，将部分非绿色煤炭资源转变为绿色煤炭资源，保障国家能源安全和可持续发展。

第四节 煤矿安全生产是美好生活向往的必然要求

十九大报告指出，中国特色社会主义进入新时代，我国社会主要矛盾已经转化为人民日益增长的美好生活需要和不平衡不充分的发展之间的矛盾。新时代人民群众对美好生活的向往对获得感、幸福感、安全感的要求逐步增强。超过 360 万的煤矿直接从业人员希望有健康的身体，安全、美好的生存和工作环境，共享改革发展和社会文明进步成果。然而，按照现在的经济规模，2019～2035 年，保守估计我国还将生产超过 600 亿吨煤炭，如果百万吨死亡率仍然处于现有水平，那么将有几千名煤矿职工可能会在煤矿安全事故中失去生命。每一名煤矿职工背后都至少牵动一个家庭，因灾致贫、因伤致穷将无法避免。没有生命何谈生活，没有健康何来小康，没有亲人何来亲情。只有切实增强煤矿安全防范治理能力，大力提升煤矿安全生产整体水平，才能保障煤炭从业人员真正奔小康，全国才能真正实现全面小康。

第五节 加强煤矿安全生产是新时代国家安全发展战略的重要内容

我国煤炭资源分布不均，开采条件极其复杂，发生瓦斯、顶板、矿井火灾、水害、冲击地压、尘害、热害等灾害的风险较国外大幅度增加，煤矿一直是工业领域的高危行业。近年来，随着淘汰落后产能的推进，单井规模越来越大，生产条件日趋复杂，容易诱发事故，且一旦发生事故，就是重特大事故，就是灾难性的事故。《中共中央国务院关于推进安全生产领域改革发展的意见》指出，安全生产是关系人民群众生命财产安全的大事，是经济社会协调健康发展的标志，是党和政府对人民利益高度负责的要求。贯彻以人民为中心的发展思想，始终把人的生命安全放在首位正确处理安全与发展的关系，大力实施安全发展战略。坚守发展决不能以牺牲安全为代价这条不可逾越的红线。煤矿是我国安全生产的重中之重，安全发展战略要求进一步加强煤矿安全生产，为经济社会发展提供强有力的安全保障[12]。

第二章

我国煤矿安全生产的发展历程、现状及面临的挑战

第一节　煤矿安全生产发展历程

煤炭安全生产发展与煤炭行业的发展关系密切,根据煤炭安全生产水平的发展特点,将中华人民共和国成立以来的煤炭安全发展历程分为三个大的时期、五个不同的发展阶段(图 2-1)。

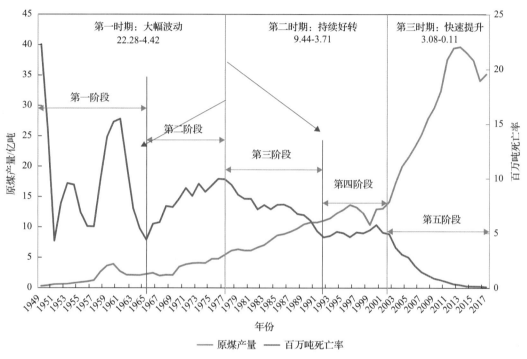

图 2-1　1949～2017 年全国原煤产量与百万吨死亡率

一、煤矿安全生产水平大幅波动时期(1949～1977 年)

该时期保障煤炭生产和供应是煤炭工业的中心任务。建设的煤矿以中小煤矿为主,以煤矿数量保障煤炭供应。矿井生产工艺以爆破法为主,煤矿生产技术装备较为落后。再加上中华人民共和国成立初期,安全生产技术人员匮乏,制定的煤矿安全生产技术文件落实不到位,未全面实现法制化、规范化管理,且安全投入不足,导致煤矿事故较多,灾害防控难度较大。该时期煤矿百万吨死亡率在 4.42～22.28 波动,煤矿事故以瓦斯、顶板事故为主,即群死群伤事故较多,安全生产形势十分严峻。

第一阶段(1949～1965 年)。受"大跃进"时期片面追求高经济指标影响，事故数量上升。1958～1961 年，工矿企业年平均事故死亡比"一五"时期增长了近 4 倍，1960 年 5 月 8 日，山西大同老白洞发生煤矿瓦斯爆炸事故，死亡 684 人，为中华人民共和国成立以来最严重的矿难。1963 年国务院颁布了《关于加强企业生产中安全工作的几项规定》，恢复重建安全生产秩序，事故明显下降[16]。

第二阶段（1966～1977 年）。"文化大革命"时期，企业管理受到冲击，导致事故频发。1970 年劳动部并入国家计划委员会，其安全生产综合管理职能也相应转移。这一阶段政府和企业安全管理一度失控，1971～1973 年，工矿企业年平均事故死亡 16119 人，较 1962～1967 年增长了 2.7 倍[16]。

二、煤矿安全生产水平持续好转时期（1978～2002 年）

该时期由保障煤炭供应计划开采逐步转变为通过技术进步推进煤矿安全高效开采，大型煤炭基地建设取得重大进展，煤矿百万吨死亡率由 1978 年的 9.44 下降到了 2002 年的 4.94，煤矿安全生产形势总体持续稳定好转。

第一阶段（1978～1992 年）。1978 年，我国引进了 100 套综采成套设备，开启了煤矿机械化生产时代。1978 年 12 月十一届三中全会召开以后，国家对煤炭工业管理体制进行了有计划的改革，重点解决了煤炭供需矛盾，以及基本建设规模、速度与煤炭产量增长不协调等问题。在经济快速发展和市场需求拉动下，行业发展仍然是以提高产量、保障供应为重点，实施"国家、集体、个体一齐上，大中小煤矿一起搞"的方针，全国煤矿数量由 1982 年的 1.8 万处增加到 1992 年的 8.2 万处。通过提高机械化程度、加强煤矿生产管理力度，1992 年的煤矿百万吨死亡率下降至 5.43。

在改革开放的背景下，我国经济实现了飞速增长。经济的快速发展离不开能源的大量需求。作为我国基础能源的煤炭需求量大幅增加，而受当时技术等因素的限制，煤矿规模难以短时间内大幅增加，仅能通过增加煤矿数量得以实现，因此不少中小煤矿在该阶段建立。随着煤矿机械化成套装备的不断引进，大型煤矿的安全生产水平相比于炮采工作面有了大幅提升，煤矿安全生产形势有了明显好转。中小型煤矿的成倍增加，必然导致技术水平、管理水平良莠不齐的现象。相对落后的煤矿采掘工效较低，在过于强调产量的情况下，增加了采掘工作面数量，增大了煤矿安全生产风险。整体来看，该阶段易引发群死群伤事故的地点主要是机械装备水平较低、用人较多的中小煤矿。

第二阶段(1992～2002 年)。该阶段煤炭行业历经市场化改革、产业政策调整和第一轮结构调整。在煤炭市场化改革的背景下，1992 年，国家召开了安全高效矿井建设座谈会和工作会议，安全高效矿井由 1993 年的 12 处增加至 2003 年的 164 处。在建设安全高效矿井的同时，通过关井压产等措施，优化了煤炭产业结构，整体提升了行业机械化水平，2003 年的煤矿百万吨死亡率降至 3.71[17]。

为响应国家安全高效矿井建设的号召，全国推进大型煤炭基地建设，兼并重组形成了若干个大型煤炭企业集团，煤矿安全生产管理水平进一步提升，煤矿安全生产形势有了较大的改观。截至 1997 年，8.2 万处煤矿产量 11.14 亿吨，在金融危机的影响下，煤炭供大于求，煤矿陷入困境，安全生产投入不足，安全事故多发，死亡人数攀升至 6753 人，百万吨死亡率达 5.1。

三、煤矿安全生产水平快速提升时期(2003～2017 年)

2000 年初，在国家煤炭工业局加挂国家煤矿安全监察局的牌子，成立了 20 个省级监察局和 71 个地区办事处，实行统一垂直管理。2001 年初，组建了国家安全生产监督管理局，与国家煤矿安全监察局"一个机构、两块牌子"。2002 年 11 月出台了《中华人民共和国安全生产法》，安全生产开始步入比较健全的法制轨道[18]。该时期历经煤炭"黄金十年"，煤炭产业得到了快速发展，煤矿企业对安全生产投入持续增加，践行煤炭安全绿色开采理念，采煤机械化程度大幅提升，重大灾害治理关键技术及装备得到推广应用，建设了一批煤炭安全领域科研平台，煤矿安全生产水平快速提升，煤矿百万吨死亡率由 2003 年的 3.71 下降至 2017 年的 0.106。

矿务局向大型煤炭企业集团转型，企业市场主体地位得到加强，煤炭生产力水平快速提升。煤炭市场化改革不断深入，在政府推动下出现了煤电、煤钢、煤建材、煤焦化、现代煤化工及物流、房地产、金融等多元产业快速发展时期。形成了神华模式、淮南模式和大同塔山、神华宁东等工业园区模式等。该期间煤炭行业效益较好，部分煤炭企业在利益驱使下，开工建设大型煤矿。经历了"黄金十年"，煤矿盈利能力大幅提升，煤矿生产形势有了明显好转。2017 年煤矿发生重特大事故 6 起，死亡 69 人，相比于 2003 年分别降低了 88.24%、93.50%，煤矿百万吨死亡率为 0.106。

整体看来，在煤矿安全监控体系不断完善，安全生产管理水平不断提升的情况下，全国重特大事故得到基本遏制，但个别煤矿仍存在发生群死群伤事故的风险。尤其是开采深度较大的中东部地区的煤矿，煤矿的动力灾害凸显，现有技术还难以完全防控。

四、未来煤矿安全生产水平预测

2018 年以后，随着煤矿采深不断加大，复合耦合灾害概率增加，煤炭开采技术革命不断推进，精准智能开采将会成为煤炭开采新方向，煤矿百万吨死亡率将会持续下降，煤矿安全生产形势将实现根本性好转，煤炭行业将脱掉高危行业的帽子。煤矿安全生产也由生产事故防治向煤矿工人职业健康防护转变，从满足煤矿工人美好生活需求出发，进一步提升煤矿安全生产的管理要求，将发生历史性转折与突破。

第二节 煤矿安全生产现状

一、煤矿生产现状

改革开放以来，全国煤炭产量从 1978 年的 6.18 亿吨增加到 2013 年的 39.74 亿吨，年均增长 5.5%；其中，1978～1996 年，年均增长 4.6%；2001～2013 年，年均增长 8.6%。2013 年全国煤炭产量是 1978 年的 6.43 倍（图 2-2）。

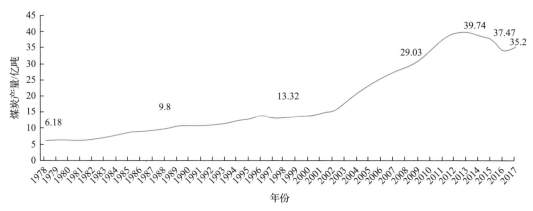

图 2-2 1978～2017 年全国原煤产量图

2013 年以来，随着我国经济发展进入新常态，能源消费需求增速放缓，能源结构调整加快，煤炭市场由长期总量不足逐渐向总量过剩转变，煤炭产量有所下降。全国煤炭产量由 2013 年的 39.74 亿吨回落到 2016 年的 34.1 亿吨，下降了 14.2%。2017 年，在经济增长等多因素影响下，全国煤炭产量出现恢复性增长，煤炭产量达到 35.2 亿吨，实现了供需关系的基本平衡。

从全国煤炭产量分布来看，东部地区及东北地区煤炭产量占全国的比重从 1978 年的 78.8%下降到 2017 年的 41.8%（表 2-1）；晋陕蒙煤炭产量占比由 1978 年的 20.70%上升到了 2017 年的 66.32%，提高了 46.1 个百分点（图 2-3）。2017 年，神东、陕北、晋北等 14 个大型煤炭基地产量占全国的 94.30%（图 2-4），比 2003 年开发初期（含新疆）提高了 16.3 个百分点。煤炭产量超过亿吨的省份不断增加，1979 年山西煤炭产量首次跨过亿吨级门槛，1996 年河南成为第二个亿吨级产煤省。2017 年底，全国煤炭产量超过亿吨的省份增加到了 8 个，产量达 30.6 亿吨，占全国的 86.8%（表 2-2）。

表 2-1 改革开放以来我国东、中、西部煤炭产量占比变化情况 （单位：%）

年份	东部地区	中部地区	西部地区
1978	42.30	36.50	21.20
2002	26.50	41.60	31.90
2013	11.10	33.90	55
2017	9.40	32.40	58.20

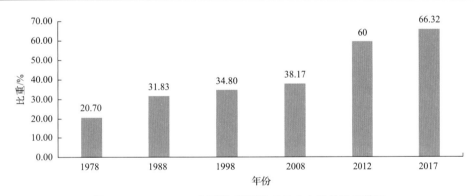

图 2-3 1978～2017 年晋陕蒙煤炭产量占全国的比重情况

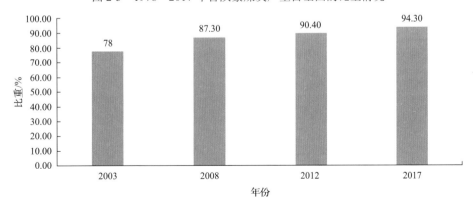

图 2-4 大型煤炭基地产量占全国的比重变化情况

表 2-2　1979～2017 年我国亿吨级省、自治区变化情况

年份	1979	1996	2001	2002	2003	2005	2007	2008	2010	2012	2017
省(区)	山西	山西	山西	山西	山西	山西	山西	山西	山西	山西	山西
		河南	内蒙古	内蒙古	内蒙古	内蒙古	内蒙古	内蒙古	内蒙古	内蒙古	内蒙古
			山东	山东	山东	山东	山东	山东	山东	山东	山东
				河南	河南	河南	河南	河南	河南	河南	河南
					陕西	陕西	陕西	陕西	陕西	陕西	陕西
						贵州	贵州	贵州	贵州	贵州	贵州
						黑龙江	安徽	安徽	安徽	安徽	安徽
								新疆	新疆	新疆	新疆
									云南		

二、煤矿安全生产现状

2017 年，全国煤矿共发生事故 219 起、死亡 375 人，同比分别减少 30 起、151 人，分别下降 12%、28.7%，煤矿安全生产形势持续稳定好转，全国煤矿实现事故总量、重特大事故、百万吨死亡率"三个明显下降"，其中重大事故 6 起、死亡 69 人，没有发生特别重大事故，重特大事故同比减少 5 起、125 人，分别下降 45.5%、64.4%；百万吨死亡率为 0.106，同比减少 0.05，下降了 32.1%(图 2-5)。江苏煤矿实现"零死亡"，重庆、宁夏、云南、吉林、内蒙古、湖北、广西、新疆、陕西等地煤矿事故死亡人数同比下降 50%以上，北京、内蒙古、吉林、福建、江西、山东、广西、重庆、云南、青海、宁夏、新疆和新疆生产建设兵团等地未发生较大以上煤矿事故。2018 年全国煤矿实现事故总量、较大事故、重特大事故和百万吨死亡率"四个下降"，其中煤矿百万吨死亡率为 0.093，首次降至 0.1 以下，达到世界产煤中等发达国家水平，煤矿安全生产创历史最好水平。

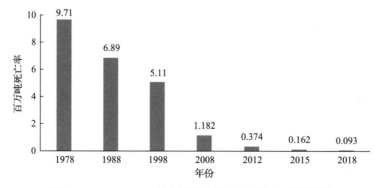

图 2-5　1978～2018 年全国煤矿百万吨死亡率变化情况

（一）总体变化趋势

2010～2017 年，事故起数和死亡人数逐年下降，百万吨死亡率大幅度下降（图 2-6）。

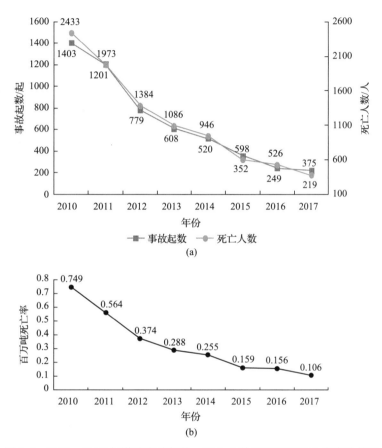

(a)

(b)

图 2-6 2010～2017 年煤矿事故起数、死亡人数及百万吨死亡率变化情况

（二）主要事故类型

2010～2016 年，顶板与瓦斯事故依然是主要事故类型，事故起数和死亡人数最多，这两类事故分别占全国煤矿较大事故起数和总死亡人数的 54% 和 61%（图 2-7）。

从重特大事故来看，瓦斯事故最多，其次是水害事故，两类事故之和分别占重大以上事故起数和死亡人数的 83% 和 84.0%（图 2-8）。

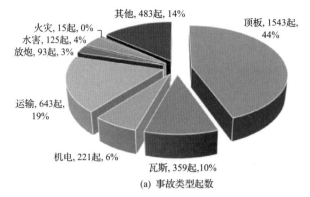

(a) 事故类型起数

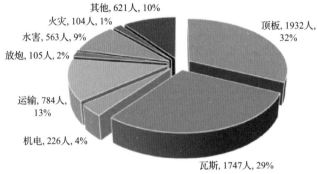

(b) 死亡人数

图 2-7 煤矿安全生产事故类型起数、死亡人数及占比

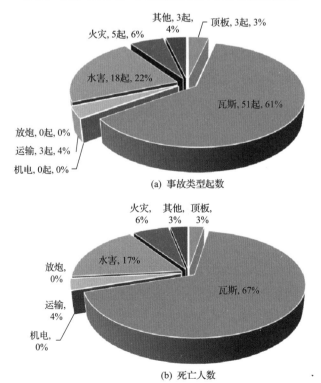

(a) 事故类型起数

(b) 死亡人数

图 2-8 煤矿安全生产重特大事故类型起数、死亡人数及占比

三、"去产能"对煤矿安全生产的影响

(一)煤炭"去产能"规划及进展

2016 年,在国家发展和改革委员会、工业和信息化部、人力资源和社会保障部、财政部、能源局、钢铁工业协会、煤炭工业协会组成的联合工作组的积极推动下,25 个产煤省、自治区、直辖市和新疆生产建设兵团签订目标责任书,并报送了实施方案。据汇总,"十三五"期间全国拟退出煤炭产能 8.37 亿吨左右(表 2-3、表 2-4),涉及职工 148.2 万人,债务约 4366 亿元。按所有制划分,国有煤矿拟退出煤炭产能 5.8 亿吨,非国有煤矿拟退出煤炭产能 2.6 亿吨。

表 2-3 "十三五"各省份煤炭行业去产能主要指标 (单位:万吨)

序号	地区	目标	2016 年	2017 年	2018 年	2019 年	2020 年
1	北京	600	180		150	170	100
2	河北	5103	1309	120	1166	440	1461
3	山西	11380	2000	3950	2260	1700	1470
4	内蒙古	1710	330	60	405	285	630
5	辽宁	3040	1327		1024	29	280
6	吉林	2299	1210		472		
7	黑龙江	2522	938	514	816	15	239
8	江苏	836	818		18		
9	安徽	3183	967	698	276	230	
10	福建	600	182	74	204		114
11	江西	1868	1279		237	40	38
12	山东	6460	1625	505	1845	1165	1254
13	河南	6254	2126	520	1683		
14	湖北	800	400		200		
15	湖南	3089	1942		400	200	200
16	广西	473	227		102		
17	重庆	2300	900		600		
18	四川	3303	1926		618		445
19	贵州	7000	1897	1500117	2000	803	800
20	云南	2088	1817	609	64	75	15
21	陕西	4725	2068	186	441	260	1347
22	甘肃	991	397	90	30	21	357
23	青海	276	9		18	18	141
24	宁夏	122	107		15		
25	新疆	1049	238	250	204		357
26	新疆生产建设兵团	282	232	9	8		9
	合计	72353	26451	15914	15256	5475	9257

表 2-4 "十三五"中央企业煤炭行业去产能主要指标 （单位：万吨）

序号	央企	目标	2016 年	2017 年	2018 年	2019 年	2020 年
1	神华集团有限责任公司	2967	637	1780	550		
2	中煤能源股份有限公司	2410	300	1330	270		
3	中国华能集团有限公司	1244	540	614	90		
4	国家电力投资集团有限公司	480	240	90	60		90
5	国家开发投资集团有限公司	1544	270	390	500	384	
6	中国国电集团公司	589	69	160	360		
7	中国华电集团有限公司	492	357	15	30	30	60
8	中国大唐集团有限公司	300	300				
9	华润(集团)有限公司	1129	274	435	420		
10	中国保利集团有限公司	120	120				
11	中国铝业股份有限公司	30		30			
	合计	11305	3107	4844	2280	414	660

2016 年 12 月，国家发展和改革委员会、国家能源局发布《煤炭工业发展"十三五"规划》，进一步提出，到 2020 年，化解淘汰过剩落后产能 8 亿吨/年左右，通过减量置换和优化布局增加先进产能 5 亿吨/年左右，到 2020 年，煤炭产量 39 亿吨。煤炭生产结构优化，煤矿数量控制在 6000 处左右，120 万吨/年及以上大型煤矿产量占 80%以上，30 万吨/年及以下小型煤矿产量占 10%以下。煤炭生产开发进一步向大型煤炭基地集中，大型煤炭基地产量占 95%以上。产业集中度进一步提高，煤炭企业数量 3000 家以内，5000 万吨级以上大型企业产量占 60%以上。

截至 2017 年底，全国累计完成煤炭去产能 5 亿吨以上。违法违规煤矿建设得到了遏制，产量盲目增长得到了控制，产业结构得到了优化，煤炭市场供需实现了基本平衡，煤炭价格理性回升，企业经营形势有所好转。特别是随着大量安全保障程度低的老煤矿和小煤矿的有序退出及安全投入的不断增加，安全欠账逐步弥补，煤矿安全生产保障能力得到持续提升。

（二）"去产能"后全国煤矿及产能分布

根据国家能源局公告分析，截至 2017 年 12 月底，安全生产许可证等证照齐全的生产煤矿产能为 33.36 亿吨/年；已核准（审批）、开工建设煤矿产能为 10.60 亿吨/年。

从生产煤矿来看，全国公告的生产煤矿 4368 处，其中，公告生产能力为零的煤矿 461 处；产能小于 9 万吨/年的煤矿 766 处，产能为 3881 万吨/年；产能位于 9 万～30 万吨/年的煤矿 1028 处，产能为 1.39 亿吨/年；产能位于 30 万～120 万吨/年的煤矿 1311 处，产能约为 7.5 亿吨/年；产能大于 120 万吨/年的煤矿 802 处，产能约为 24.04 亿吨/年（表 2-5）。

表 2-5   2017 年底全国生产煤矿基本情况表（公告*）

地区	合计		产能≥120万吨		120万吨>产能≥30万吨		30万吨>产能≥9万吨		产能<9万吨		产能=0	
	数量	能力	数量	能力	数量	能力	数量	能力	数量	能力	数量	能力
北京	3	370	2	270	1	100						
河北	57	7516	23	5885	24	1565	4	66			6	0
山西	612	90490	265	67840	302	22650					45	0
内蒙古	375	82225	187	71570	183	10655					5	0
辽宁	35	4100	16	3560	10	540					9	0
吉林	45	1994	5	1050	9	581	22	363			9	0
黑龙江	556	9791	24	4760	30	1579	144	1804	352	1648	6	0
江苏	7	1360	6	1315	1	45						
安徽	50	14301	38	13725	8	576					4	0
福建	62	816	0	0	9	315	32	405	16	96	5	0
江西	251	1412	0	0	9	429	7	90	186	893	49	0
山东	120	15281	36	10405	80	4876					4	0
河南	251	15536	44	9375	108	5221	57	940			42	0
湖北	61	315	0	0	0	0	17	183	22	132	22	0
湖南	329	2539	0	0	5	225	101	1262	179	1052	44	0
广西	22	744	1	150	8	438	13	156				
重庆	44	1893	3	480	20	1062	21	351				
贵州	570	15251	14	2425	244	9790	198	3036			114	0
四川	369	6072	8	1065	31	1332	282	3635	7	40	41	0
云南	128	3024	2	1190	16	675	95	1159			15	0
陕西	223	38175	74	30385	133	7653	10	129	2	8	4	0
甘肃	44	4909	17	3920	15	831	9	158			3	0
青海	18	646	1	120	8	475	3	45	1	6	5	0
宁夏	45	7246	15	6650	10	560	2	36			18	0
新疆	58	5846	16	3455	34	2373	1	12	1	6	6	0
新疆生产建设兵团	33	1748	5	825	13	810	10	113			5	0
合计	4368	333600	802	240420	1311	75356	1028	13943	766	3881	461	0

* 公告指国家能源公告的全国生产和建设煤矿产能情况，其中未按法律法规规定取得核准（审批）及其他开工报建审批手续的建设煤矿、未取得相关证照的生产煤矿不纳入公告范围。

从建设煤矿来看，全国公告的建设煤矿 1157 处，其中，产能小于 9 万吨/年的煤矿 1 处，产能为 6 万吨/年；产能位于 9 万～30 万吨/年的煤矿 312 处，产能为 4368 万吨/年；产能位于 30 万～120 万吨/年的煤矿 626 处，产能约为 3.6 亿吨/年；产能大于 120 万吨/年的煤矿 218 处，产能约为 6.64 亿吨/年（表 2-6）。

表 2-6　2017 年底全国建设煤矿基本情况表（公告*）

地区	合计		产能≥120 万吨		120 万吨>产能≥30 万吨		30 万吨>产能≥9 万吨		产能<9 万吨	
	数量	能力	数量	能力	数量	能力	数量	能力	数量	能力
河北	35	1161	1	120	22	855	12	186		
山西	317	29999	87	13424	230	16575				
内蒙古	87	27150	55	25020	32	2130				
辽宁	5	300	1	150	4	150				
吉林	6	315	1	150	3	135	2	30		
黑龙江	72	3212	4	1670	21	825	47	717		
江苏	1	45			1	45				
安徽	4	1145	3	1100	1	45				
福建	52	771			8	255	44	516		
江西	2	18					2	18		
山东	6	405	1	180	5	225				
河南	57	2490	7	1080	22	960	28	450		
湖北	29	387			2	60	27	327		
湖南	8	144			2	60	6	84		
广西	18	324			3	135	15	189		
重庆	7	196			2	115	5	81		
四川	96	1887	2	300	10	435	84	1152		
贵州	42	2787	7	1152	35	1635				
云南	65	4239	5	2580	36	1275	24	384		
陕西	177	18432	29	11420	138	6850	10	162		
甘肃	13	2095	2	1600	10	480	1	15		
青海	20	1123	1	400	13	660	5	57	1	6
宁夏	26	5300	10	4450	16	850				
新疆	9	2170	2	1600	7	570				
新疆生产建设兵团	3	195			3	195				
合计	1157	106290	218	66396	626	35520	312	4368	1	6

*公告指国家能源公告的全国生产和建设煤矿产能情况,其中未按法律法规规定取得核准(审批)及其他开工报建审批手续的建设煤矿、未取得相关证照的生产煤矿不纳入公告范围。

综合分析，截至 2017 年 12 月末，加上未按法律法规规定取得核准（审批）和其他开工报建审批手续的建设煤矿、未取得相关证照的生产煤矿，预计全国共有各类煤矿约 7000 处。其中，未公告煤矿主要集中在以下部分省、自治区：

（1）四川。截至 2017 年 12 月末共有煤矿 436 处，公告生产煤矿 369 处，建设煤矿 96 处，未公告煤矿 29 处。

（2）贵州。截至 2017 年 12 月末共有煤矿约 1007 处左右，公告生产煤矿 570 处，建设煤矿 42 处，未公告煤矿 395 处左右。

（3）云南。截至 2017 年 12 月末共有煤矿 670 处，公告生产煤矿 128 处，建设煤矿 65 处，未公告煤矿 477 处。

（4）河北。截至 2017 年 12 月末共有煤矿 115 处，公告生产煤矿 57 处，建设煤矿 35 处，未公告煤矿 23 处。

（5）山西。截至 2017 年 12 月末共有煤矿 1005 处，公告生产煤矿 612 处，建设煤矿 317 处，未公告煤矿 76 处。

（6）内蒙古。截至 2017 年 12 月末共有煤矿 545 处，公告生产煤矿 375 处，建设煤矿 87 处，未公告煤矿 83 处。

（三）去产能对煤矿安全生产的影响

去产能在压缩煤炭产能、减少煤矿数量、促进市场供需平衡、优化产业结构的同时，也为煤矿安全生产状况的持续稳定好转奠定了基础。

1. 生产重心向资源赋存条件好的地区集中

近年来，在国家相关规划的引导下，煤炭生产重心向晋陕蒙宁地区集中的趋势明显。2017 年前 10 个月，晋陕蒙宁地区煤炭产量占全国的 68.8%，同比提高了 2.8 个百分点。今后随着供给侧结构性改革的不断深化，一些资源赋存条件复杂、埋藏深、地质构造复杂，瓦斯、水害和冲击地压等灾害严重的煤矿将逐步退出，晋陕蒙宁地区煤炭产量比重将进一步提高，将促进煤矿安全生产水平的提高。

2. 煤矿生产力水平得到大幅提升

煤炭企业重视提高煤矿机械化、智能化水平，截至 2018 年，全国已建成大型现代化煤矿 1200 多处，产量比重占全国的 75% 以上，其中，建成年产千万吨级特大型煤矿 59 处，产能近 8 亿吨/年；建成智能化开采煤矿 47 处；优质产能快速增加，煤炭现代化水平大幅提高，不仅提高了劳动生产力水平，也改善了煤矿安全生产环境。

3. 小煤矿关闭退出力度大

小煤矿一直是安全生产的重灾区。2016 年以来，全国小煤矿退出超过 2000 处，截至 2018 年，小煤矿产能仅占全国总产能(生产煤矿)的 6.2%[12]。大力度地关停小煤矿改变了我国长期以来以中小煤矿为主的生产格局，在很大程度上提高了我国煤炭行业的安全生产水平。

4. 违法违规生产、超能力生产得到遏制

国家有关部门加大安全执法力度，对全国煤矿产能进行公告，组织开展了控制违法违规生产、超能力生产专项检查，形成了有力的震慑态势，煤矿生产秩序明显好转。

5. 安全投入增加

通过去产能，煤炭价格理性回升，煤炭企业经济效益实现明显好转。煤炭企业抓住经营效益好转的有利时机，加大投入，优化生产布局，实现采掘正常接替，加快装备更新，弥补安全欠账，为安全形势好转奠定了基础。

6. 煤矿安全管理取得了新的实践

山东、四川等省份煤矿探索实施取消夜班工作制，改变了煤矿多年连续作业、疲劳作战的习惯，井下工作人员能够保持旺盛的体力和较好的精神状态，促进了安全生产[12]。

第三节　我国煤矿安全生产发展面临的挑战

一、我国煤矿机械装备水平及工效与国外差距大

从结构上看，截至 2018 年，我国年产 9 万吨以下小煤矿仍有 2000 处(包含能源局未公告小煤矿)，占全国的 28%左右。从装备上看，大量煤矿技术落后，机械化水平低，一些小煤矿非机械化开采，改造起来难度大，有的根本无法改造[12]。从技术上看，我国瓦斯治理、水害、顶板、冲击地压等灾害机理与防治技术仍亟待攻关。

从煤矿数量上看，2016 年，美国只有约 1400 个煤矿，且大多数是安全系数更高、更容易开采的露天矿，露天矿占煤炭总产量的比重达 70%[19]。特别是在产量前 20 名的大型煤矿中，除了四个井工矿外，其余都是露天矿，而我国多为地下煤矿，露天矿很少，其中，露天煤矿产量约占全国煤炭生产总量的 3.3%。截至 2018 年 6 月，年产 120 万吨以下煤矿 (生产和建设煤矿) 仍有 4000 处左右，占全国煤矿数量的 80%左右。

从矿井用人和工效来看，1933 年，美国煤矿人均年产量为 723 吨，1953 年为 1415 吨，1990 年快速增长到 7110 吨，2015 年达到 3 万多吨，而我国煤矿从业人员为 525 万人，井下作业人员为 340 万人，全国单班下井超千人的煤矿有 47 处。大型煤炭集团人均年产量约 1730 吨，是美国人均年产量的 5.6%，只相当于美国 1953 年的水平。而中国煤炭行业的人均年产量更低，仅为 700 吨左右。矿井工效的差距主要反映了煤炭工业化、自动化程度，美国采煤机械化程度早已达到 100%，而我国只有大型煤炭企业采煤机械化程度在 90%以上。尽管中国多为地下煤矿，需要的劳动力数量可能高于美国的露天煤矿，但如此巨大的差距意味着我国煤矿的劳动效率极其低下。

从煤矿安全生产水平来看，美国作为世界第二大产煤国，其过去 10 多年来煤炭年产量一直稳定在 10 亿吨左右，煤矿年死亡人数为 30 人左右，其百万吨死亡率一直维持在 0.03[20]。最近几年，中国煤矿百万吨死亡率直线下降，但仍高于美国等发达国家，2017 年全国煤矿百万吨死亡率为 0.106，仍为美国的三倍多。

二、煤炭行业税负远高于全国税负平均水平

目前煤炭企业税费负担重的问题突出。一是涉煤税费项目多。煤炭企业除去正常的缴税项目外，还有多项涉煤的行政事业性收费项目，初步统计煤炭企业所涉及的各项税费超过 40 项。二是由于进项税较少，煤炭行业增值税率远高于其他行业。企业支出的资源价款、水资源费等行政事业性收费及青苗补偿费、地面塌陷补偿费等数额较大，且无法取得增值税专用发票进行抵扣，目前煤炭行业增值税税负仍在 10%左右，远高于全国工业产品增值税负平均水平。三是资源税改革后，部分地区、部分企业资源税税费负担加重，有的企业资源税是改革前的 2.16 倍[21]。四是企业所得税负担较重。一些煤炭企业内部新老矿井盈利不平衡，新企业或新矿井盈利大，上缴企业所

得税多，而老企业或老矿井人员多、社会负担重，多为巨额亏损，新老矿井不能合并计算所得税，导致企业一边亏损一边上缴所得税。一些企业统筹外费用属于与生产经营无关的支出，并入企业福利费计算，超出 14%的部分不能税前列支，导致企业在承担社会职能的同时还要支付大额企业所得税。此外，耕地占用税、水资源税改革后标准相应提高，以及环保税税额标准的提高等也增加了企业的税费负担。

三、人才培养机制落后、行业环境差、收入低、高素质人才严重短缺

首先，我国煤炭学科设置仍为几十年一贯制，人才培养与实践脱钩。我国煤矿采煤工作面非技术人员配备需要减少，而特殊工种高技能人才十分短缺。我国高校培养机制、学科设置、教学方式等相对滞后，教学内容与工作实际脱节，导致采煤相关人员长期缺乏实践经历、实操能力，造成人才培养难以匹配技术发展需求。以教材为例，很多专业课至今仍在讲授传统的采煤工艺、老化的机电设备等知识，部分教材严重滞后，难以跟上智能化开采需求。随着新技术、新设备、新工艺的不断涌现，机械化、自动化、智能化煤矿企业发展对人员素质提出了更高、更新的要求[22]。

其次，我国煤炭开采以井工开采为主，煤炭行业作为艰苦行业，井下工作环境潮湿、作业空间局限、劳动强度大、机械自动化水平较低，煤矿井下环境较为恶劣。但是煤矿工人收入与劳动付出不成正比，尤其是经济效益相对较差的部分煤矿，难以为煤矿工人提供较好的经济保障和生活保障。据调研，全国 87%的煤矿一线工人收入在 4000 元以下，煤矿多处偏远和经济欠发达地区，煤矿井下职工平均每人要承担 3.5 人以上生活费用，家庭人均收入实际水平远低于全国平均水平。而从事煤矿安全生产管理的大学生的收入也相对较低，以某国有企业为例，65%的大学生上岗五年后工资介于 3000～5000 元/月，与同期从事互联网等行业的收入差距甚大。

最后，煤炭行业从业人员素质较低加大了煤矿安全生产的风险。目前，我国煤矿管理仍以粗放式管理为主，井下劳动密集作业场所较多，用工数量较大，井下普遍以初中或高中毕业的"农民工"为主，煤矿一线生产技术人员以中老年为主，本科及以上学历的年轻专业技术人员较少，进而在煤矿的生产过程中，部分煤矿的监管难以到位。同时，全国，尤其是我国中部、东北部矿区工人的平均年龄在 50 岁左右，在 5～10 年后，以当前的机械自动

化水平，煤矿将面临严重的用工紧张的风险。而对于新毕业的大学生而言，投身于煤矿一线工作的意愿也逐渐降低，绝大多数新毕业的大学生选择从事相关的隧道、建筑等建设工作，将进一步导致多数煤矿长期面临招聘困难。

以黑龙江科技大学和中国矿业大学煤矿开采相关专业的招生和就业为例进行说明。从表 2-7 可以看出，煤炭资源逐渐枯竭的黑龙江在采矿专业招生方面出现急剧减少现象，而就业比例和人数整体上是呈逐年下降的趋势，这与当地煤炭行业就业不乐观、收入偏低等因素密切相关。从表 2-8 可以看出，具有国内一流学科的中国矿业大学在招收安全专业时，报考率相对较高，但从事煤炭行业的人数较少，尤其近年来，基本为个位数。综合来看，高校培养的煤矿生产相关人才中从事煤矿生产方面的人数较少、意愿较低。再加上煤矿自身高学历技术人员的不断流失，煤矿安全生产条件难以保障。

表 2-7　黑龙江科技大学采矿专业招生和就业情况

年份	计划招生/人	第一志愿报考比例/%	毕业人数/人	从事煤矿生产	
				人数/人	占比/%
2014	303	45	338	151	44.67
2015	301	33	249	56	22.49
2016	302	30	265	20	7.55
2017	296	15	308	35	11.36
2018	293	10	331	21	6.34

表 2-8　中国矿业大学安全专业招生和就业情况

年份	计划招生/人	第一志愿报考比例/%	毕业人数/人	从事煤矿生产	
				人数/人	占比/%
2014	126	96.03	137	22	16.06
2015	130	76.92	136	13	9.56
2016	149	79.19	133	3	2.26
2017	169	72.19	140	1	0.71
2018	140	72.9	142	8	5.63

四、煤矿安全生产的管理理念有待创新

随着去产能的深入推进，煤炭市场供需向基本平衡转变，煤炭价格理性回归，部分地区甚至出现时段供给紧张局面，受利益驱动，部分煤矿存在侥幸心理，铤而走险，超能力生产、违法违规生产。部分列入去产能计划的煤

矿管理滑坡、人心不稳，职工新老接替问题突出。一些产能核减煤矿，对一些采区、巷道等地下空间采取封闭停产措施。而对于封闭停产采区和巷道，如果放松管理，疏于防范，易发生安全事故[23]。

随着煤矿安全监管措施的不断完善，煤矿机械自动化水平不断提高，原来用工较多的采掘作业地点通过"机械化换人、自动化减人"实现了"少人作业"，降低了煤矿发生群死群伤事故的风险。机械自动化水平的不断提高、机械装备数量的不断增加，势必给煤矿机械化装备带来大量的检修维护工作，煤矿生产人员由原来的多人团队作业向单一人员作业方式转变。在煤矿三维可视化监控手段匮乏的情况下，部分人员存在侥幸心理、投机取巧、违章作业，造成近年来煤矿一般事故比例逐渐增加。原有的避免群死群伤事故的安全技术措施、粗放式管理难以完全满足新形势下的煤矿生产需要。

五、非绿色资源开发技术有待突破，煤矿造成群死群伤事故的机理不明确

我国除了少量地质条件简单且生态损害程度较轻的绿色资源外，大部分煤炭资源仍然属于非绿色资源量。非绿色资源量以复杂的地质赋存条件、多重地质灾害并存为特点，现有的生产技术条件还难以完全满足煤矿安全生产的需要，非绿色资源的开发技术尚不成熟，相关技术的研发已成为我国煤矿安全发展亟待解决的问题[23]。

然而，现有煤矿的自主创新能力比较薄弱。原始创新成果少，但企业技术创新活力和动力亟待加强，尤其是在"中国制造 2025"的背景下，我国煤矿智能化装备制造水平还有较大差距，有待进一步提升、突破[23]。随着我国中东部地区的深部开采、西部地区的高强度开采程度的不断增加，煤矿地质灾害类型由单一型向多元耦合型转变。该类型灾害以突发性、强破坏性、难管控为特点。目前针对多元耦合型灾害，尚未明确机理、研发成套监控技术装备、防控技术措施。

我国中东部矿区开采历史较长，深度开采带来煤矿开采灾害日趋严重。从全国来看，煤矿开采深度平均每年增加 10～20 米，截至 2018 年，我国千米深井已有 50 处，最大深度达到 1500 米左右。随着开采深度的增加，开采条件更加复杂恶劣，最大地应力超过 40 兆帕，全国共有 62 个高温矿井，工作面温度超过 30 摄氏度的有 38 个，煤矿水文地质条件趋于复杂，水害种类不断增加，坚硬顶板"离层水"、隐伏陷落柱、高承压水、煤层群开采回采下层煤等水害威胁日趋严重。此外，瓦斯突出、冲击地压、热害等矿井灾害的特点都呈现出新的变化，出现了多种灾害耦合，增大了灾害的复杂性[12]。

西部矿区煤炭资源丰富、储量巨大，特厚煤层开采安全技术、易自燃煤层的火灾防治技术等亟须攻关。

六、职业危害防治已逐渐成为煤矿安全管控的重点

煤工尘肺不仅会影响煤工的身体健康，更会给企业带来沉重的经济负担。未来社会的发展与进步归根到底依赖于人的进步，确保职业健康安全将成为基本要求，然而目前我国传统职业安全领域的侧重点在于生产安全，人类健康安全未受到足够重视。传统医疗卫生领域侧重于疾病本身的防治，往往忽视了遗传因素、职业环境及职业习惯对职业人群的危害。因此，积极寻找煤工尘肺的危险因素，针对性地进行一级预防和个体化干预，打破基因易感性—煤尘接触—煤工尘肺这一恶性循环，对提高我国广大煤工职业人群的健康水平、企业经济效益和国民经济的可持续发展有重要意义。

健康中国战略明确将"大健康"嵌入了创新、协调、绿色、开放、共享新发展理念的有机版图。把健康融入所有政策，人民共建共享。从"被动治病"到"主动保健"，用社会治理"大处方"做永续动力。随着"中国特色社会主义进入新时代"，要把人民健康放在优先发展战略地位，建设健康环境，全周期保障人民健康。在全社会的普遍关注和共同努力下，我国职业健康促进和维护工作取得了明显成效，实现了持续稳定好转。然而，我国职业健康形势仍然非常严峻，我国职业病危害的接触人数、新发病例数、累计病例数和死亡病例数均居世界首位，特别是工业粉尘仍然高居职业健康危害的第一位。2017 年全国共报告职业病 27420 例，尘肺病新病例 24206 例，占 2017 年职业病报告总例数的 88.28%。其中，煤工尘肺和矽肺分别为 12405 例和 10592 例。

第四节　煤矿安全重大变革方向

一、煤炭行业实现低危安全的转折

随着煤炭开采技术革命的不断推进，精准智能无人开采技术将会成为煤炭开采的新方向。煤矿精准智能无人开采技术的推广应用将从根本上实现煤

矿向减灾化、无人化方向发展，降低煤矿开发的危害，促进煤炭行业向本质安全的转折。同时行业低危安全发展以满足煤矿工人美好生活需求为导向，必将进一步完善煤矿安全监管体系，实现煤矿安全发生根本性好转。

在煤矿精准智能无人开采技术推广的同时，也是煤炭行业脱掉高危行业帽子的关键转折点。

二、煤矿实现集约大型开发的转折

煤矿开发逐渐向集约化和大型化发展，煤矿数量从 1958 年的 3.2 万处逐渐减少至 2018 年的 5800 处，同时煤炭产量从 1958 年的 1.4 亿吨大幅增长至 2018 年的 36.8 亿吨，煤矿数量大幅少，而煤炭产量则大幅增加，煤矿正实现集约大型开发的转折。

而煤矿大型化生产使煤矿安全水平明显提升。据统计，国家能源集团 2017 年煤炭产量为 5.09 亿吨，生产煤矿仅 64 处，平均生产规模达 800 万吨/处左右。而 2018 年全国煤炭产量为 36.8 亿吨，生产煤矿数为 5800 处，平均生产规模仅为 63 万吨/处。对比来看，国家能源集团的矿井规模要远大于全国平均水平。与此同时，2018 年国家能源集团的百万吨死亡率仅为 0.005，而全国煤矿百万吨死亡率达 0.093，全国平均水平远高于国家能源集团，简单来看，煤矿大型化的程度与煤矿安全水平呈正相关关系。

煤矿大型化建设成为趋势，并通过矿井机械自动化水平的不断提升实现集约化生产，煤矿单产单井水平快速提高。预计 2050 年，煤矿数将在 300 处以下，人员工效将达到 2 万吨/人，煤矿死亡人数将达到个位数，百万吨死亡率将降到 0.001 及以下。

三、煤矿事故向多元化耦合灾害的转折

近年来，我国煤矿安全生产事故发生数量、死亡人数均快速减少，煤矿百万吨死亡率也逐年下降。统计数据显示，我国煤矿百万吨死亡率从 1978 年的 9.71 减少到了 2018 年的 0.093，煤矿安全生产事故发生数量从 1978 年的 1403 起减少到了 2018 年的 224 起，死亡人数从 1978 年的 6001 人减少到了 2018 年的 333 人。但是 2018 年山东龙郓煤业 "10·20" 煤矿事故等多元因素耦合型灾害事故给煤矿安全生产带来了新的警示。

从目前来看，我国煤矿单元因素事故已经得到了较大控制，监测、预报、

预警机理已较为清晰,已形成较为完善的防范和治理手段。而冲击地压等多元因素耦合事故为近期发生的主要重大事故。动力突变型致灾与流体渐变型致灾不同,其机理和防治技术研究得还不深入,尚未形成有效防范手段,将成为新防范的重点。

四、煤矿安全实现向保护健康的转折

煤矿工人在井下环境下作业,长期接触到煤尘、岩尘和危害气体,极易患不同程度的尘肺和噪声聋等职业病。职业病危害占比逐渐凸显。当前,我国绝大部分煤矿粉尘治理尚未达到人体健康要求,煤矿尘肺病累计近45万人。

为满足煤矿工人对美好生活的向往,不仅要在煤矿死伤管控上下功夫,还要加强健康防护;不仅要重视地上 $PM_{2.5}$,也需关注井下 $PM_{2.5}$,降低职业病发病率。

五、煤矿人员实现向复合型技能人才的转变

过去煤矿属于艰苦行业,煤矿机械自动化程度偏低,工人以体能输出为主,工作环境差、收入较低、社会认可度较差,在收入未明显高于甚至明显低于其他行业的情况下,难以吸引大批人才。黑龙江科技大学采矿工程专业近年来第一志愿报考比例和从事煤矿生产的人数逐年下降,中国矿业大学安全工程专业尽管第一志愿报考比例相对稳定,但是从事煤矿生产的人数已下降到个位数。

现今,综采、综放和精准智能开采等技术革命,亟须培养一批既能掌握安全技术,又能现场操作的复合技能型专业人才,从过去的体力型向技能型转变,以满足煤矿机械化、自动化、信息化和智能化的需求。因此,必须改善井下工作环境,提高收入水平,提升其社会认可度,才能吸引人才。

第三章

新时代煤矿安全生产工程科技需求

第一节 煤矿安全生产工程科技发展现状

近年来，国家加大了煤矿安全生产科技的投入，通过实施国家重点基础研究发展计划(973计划)、国家高技术研究发展计划(863计划)、国家科技支撑计划、国家科技重大专项等一批国家科技计划，在煤矿安全领域突破了一批核心技术和装备，促进了安全生产形势的不断好转。研发的煤矿井下千米定向水平钻机，最大钻孔深度达到2311米，松软突出煤层钻机在$f < 0.5$(f为普氏条数)条件下实现钻孔深度271米，成孔率达到70%，大幅度提高了瓦斯抽采效果。瓦斯含量快速准确测定技术实现了120米长钻孔定点取样，可在20分钟内快速测定瓦斯含量，测定误差小于7%[24]。高分辨三维地震勘探可以查出1000米深度以内落差5米以上的断层和直径20米以上的陷落柱[25]。利用卫星和光纤监测技术，露天边坡和尾矿坝位移与变形的监测误差可以控制在1毫米内。大功率矿井潜水电泵最大功率为4000千瓦，最高扬程为1700米，最大流量为1100米^3/小时。

一、地质保障

(一)物探技术与装备

地震勘探方面，在黄土塬区和戈壁地区三维地震勘探技术取得突破，三维地震资料动态地质解释技术推动了东部复杂矿区三维地震资料的深度利用；对煤田数字高密度三维地震做了先期研究，确定了常规三维地震的发展方向；发展了煤矿井下槽波地震勘探技术，并研发了无线槽波地震设备及模拟设计软件，可满足煤矿企业精细勘探的要求。

电磁法勘探方面，采用V8电磁法探测系统率先进行瞬变性电磁法(transient electromagnetic method，TEM)阵列探测，推动了煤矿区地面采空区精细探测技术的发展；发展了煤矿井下直流电法超前探测技术，通过各种矿井的数万米跟踪探测工程实践，形成了一套较成熟的超前探测方法；音频电透视探测和底板直流电法探测精度与能力进一步提高，形成了煤矿区电磁法勘探技术新体系。

物探仪器方面结合地震、电磁法等物探技术，研发了煤矿井下微震监测仪、槽波勘探仪器、井下地震仪、瞬变电磁仪、存储式测斜仪、电磁波测斜仪，升级改造了音频电穿透仪、瑞雷波仪、直流电法仪。

近年来研发的主要技术装备如下所述。

初步形成了具有中国煤田地质特色的勘查理论体系，"以地震主导，多手段配合，井上下联合"的立体式综合勘探体系逐渐成熟，基本能够探明开采地质条件[25]。

三维地震仪、3D 可视化解释技术、时延地震勘探技术得到应用；二维地震勘探技术广泛应用于煤田普查和详查阶段；三维地震技术可查明煤田内落差超过 5 米的断层，解释落差为 3～5 米的断点及波幅在 10 米以上的褶皱，成为煤田地质勘查的首选技术[26]。

针对井下工作面长距离立体探测和掘进面超前探测难题，攻克了电磁波长距离传输、钻孔电磁波成像、千米遥控探测、多道地震波超前探测等技术，形成了长距离电磁波孔巷立体透视装备和千米遥控地震超前探测装备。技术成果在松藻、两淮矿区进行了大量的实验，工作面电磁波探测距离大于 300 米，超前地质探测距离大于 200 米，探测准确率大于 85%。

(二) 钻探技术与装备

国外井下钻机主要为履带全液压动力头式，钻机向大功率、长距离和大孔径方向发展，并配置了计算机辅助监控的钻进过程自动监控系统，日本、美国、澳大利亚钻机的能力都超过了 1000 米；在煤层气地面抽采钻井方面，主要利用高效率、低成本的空气钻井设备，还有先进的泡沫钻进、雾化钻进及定向钻井技术，主要空气钻井设备有英格索兰车载钻机、雪姆车载钻机、钻科车载钻机等。国外煤层气抽采钻机在整机设计及元部件的选用上，较国内钻机先进，性能更为可靠。

国内煤矿井下全液压坑道钻机得到了长足发展，产品规格增多、产品性能得到改善、工艺水平也进一步提高[27]，先后开发了底座式全液压钻机、履带式全液压钻机、立轴式钻机、千米定向钻机等，按产值规模、钻机开发、性能、加工能力等，国内主要钻机厂家为中煤科工集团重庆设计研究院有限公司、中煤科工集团西安研究院有限公司、江苏中煤矿山设备有限公司、浙江杭钻机械制造股份有限公司、沈阳北方重矿机械有限公司等；近年来由于引进了国外空气钻井设备，空气钻井成功的案例逐年增多，用于空气钻进的一些配套设备逐步成熟，如顶驱、潜孔锤、空压机等，通过引进、消化、吸收、再创新，已有石家庄煤矿机械有限责任公司、中煤科工集团西安研究院有限公司及中煤科工集团重庆设计研究院有限公司等单位开发出车载式地面煤层气钻井成套装备。

随着我国煤矿开采深度的增加，地质条件越发复杂，钻孔难度也不断增加，煤矿企业对钻孔轨迹测量精度、钻机开孔速度、松软煤层钻进深度、松软煤层瓦斯抽采效率、坚硬岩层钻进速度和钻孔大小等提出了更高的要求，因此，加快井下回转钻进钻机、回转钻进随钻测量装置及配套钻具产品升级换代的研发非常必要。随着我国煤矿深度的增加，也带来了不安全因素，目前国内井下大直径快速救援钻机仍处于空白状态，虽然国内多家单位研制了一些煤矿应急救援钻进装备，但与国家、区域矿山应急救援基地建设的具体要求还存在较大差距。在远控钻机方面，钻机远程控制技术、远程视频监控技术、大倾角自动上下钻杆技术、钻机自动移机锚固技术、姿态测量自动定位技术、一键自动钻孔技术、钻杆箱自动巡检技术等取得了一些重大技术成果，但整体技术暂时还不能被煤矿企业所接受。因此，加快技术成果转化，将新技术集成、形成产品或者应用到钻探产品中成为远控钻进技术及装备产业今后的研发重点。

近些年主要的典型技术与装备如下所述。

研制了 12000 牛·米大扭矩履带式全液压坑道钻机配套技术，为我国煤矿井下中硬煤层（$f>1.5$）瓦斯长钻孔预抽提供了装备。

完成了 1212 米井下近水平长钻孔，创下国内井下定向钻孔孔深最高纪录。单孔最多分支孔为 24 个，最大分支孔深度为 915 米。单孔百米煤层气抽采量是常规钻孔的 3～5 倍。

研发的井下千米定向瓦斯抽采技术与装备填补了国内空白，ZDY1200LD 型履带式钻机最大钻孔深度达到 2311 米，创下国内新纪录[25]。

研制出的适合突出松软煤层的顺层钻机在坚固性系数 $f\leqslant0.5$ 条件下的高转速大扭矩螺旋钻进装备与钻进成孔工艺技术，煤层钻孔深度达到 271 米，创造了突出松软煤层钻孔的最新深度，钻孔深度超过 100 米的成孔率达到 70%，已在 50 多个矿区进行了推广[25]。

二、建设与开采

通过大力投入，煤矿建设与开采科技水平和科技创新能力得到较大提升，特别是大型煤矿建设、厚煤层大采高综采和特厚煤层综放开采等关键技术与装备已进入世界先进行列，部分成果达到世界领先水平。工作面最高单产由 100 万吨以内提高到了 1000 万吨以上，建成了神东大柳塔煤矿、上湾煤矿、陕煤集团红柳林煤矿等一批世界先进矿井。行业平均机械化程度由 2000 年以前的不足 40%，提升至目前的 85%以上。

（一）矿井建设

"十五"国家科技攻关计划、"十一五"国家科技支撑计划实施期间，我国经济建设进入了一个高速发展期，矿井建设也随之走上了大型化、高速度、大深度及西部化的道路，建井技术遇到了许多前所未有的难题。为满足煤矿建设的需要、支撑煤炭经济的发展，产、学、研紧密结合，进行了"深厚冲积层千米深井快速建井关键技术"等"十一五"国家科技支撑计划重点项目和"大直径煤矿风井反井钻井技术及装备"等国家科技部科研院所技术开发研究专项资金项目；成功建设了一批示范工程，深立井施工得到了"千米深井基岩快速掘砌关键技术及装备研究"等成果，井筒深度超过 1300 米，净直径达到 10.8 米；应用冻结法成功实现了超厚冲积层、深厚含水软岩等多圈孔控制冻结技术，立井冻结深度达到 950 米，创世界最深纪录，斜井冻结长度达到 504 米；应用注浆法取得了"千米级深井高注浆关键装备""千米级深井特殊地层注浆材料及注浆工艺""千米埋深巷道 L 形注浆围岩改性技术"等研究成果，地面预注浆深度达到 1078.2 米，工作面预注浆深度达到 1110.4 米；钻井直径达到 11.8 米，应用钻井法研发了"一扩成井""一钻成井"快速钻井法凿井关键技术及装备，钻井深度达到 660 米；大直径反井钻井技术研究使反井钻井法成功应用于煤矿风井施工，钻井直径达到 5.3 米，钻井深度达到 600 米；综合研究了冻、注、掘"三同时"和钻-注平行作业关键技术。"十二五"期间，又进行了"深厚冲积层冻结千米深井高性能混凝土研究和应用""蒙陕深部矿区立井建设关键技术研究"等国家科技支撑课题及"矿山竖井掘进机研制""500 米斜井冻结关键技术及装备"和"深立井大型成套凿井装备研制"等 863 高技术研究发展计划课题研究，取得了一些阶段性成果，为今后智能化、绿色建设做了必要的准备。盾构机技术开始应用于煤矿巷道的掘砌施工，并研制了全球首台长距离、大坡度煤矿斜井专用掘进机，集斜井施工开挖、衬砌、出渣、运输、通风、排水等功能于一体，在神东补连塔煤矿斜井进行了应用。

（二）煤矿开采

21 世纪初至今，以长壁高效综采为代表的煤炭地下开采技术取得了前所未有的新进展。高效综采发展主要体现在以下三个方面：一是综采工作面生产能力大幅度提高，采区范围不断扩大，出现了"一矿一面"年产数百万吨煤炭的高产高效和集约化生产模式；二是高效综采装备和开采工艺不断完善，推广使用范围不断扩大，中厚煤层开采、厚煤层一次采全高开采和薄煤层全自动化生产等技术和工艺取得了巨大成功；三是高效综采装备的研制开发取得了新的技术性突破，提出了 8 米厚煤层一次采全高综采方法和工作面端头大梯度过渡配套方式、多学科协同优化配套技术、超大采高工作面围岩控制技术及工艺等综采成套技术与装备，并实现了综采工作面生产过程自动化，大型综采矿井技术经济指标已经达到大型先进露天矿水平[28]。

同时，放顶煤技术在我国得到大力发展。针对我国特厚煤层开采的技术难题，创立了特厚煤层大采高综合机械化放顶煤开采（简称特厚煤层大采高综放开采）围岩控制理论，发明了大采高综放开采技术，实现了综放开采千万吨工作面全国产化装备的突破。创立了特厚煤层大采高综放开采三维放煤理论、围岩控制理论体系，建立了特厚煤层大采高综放开采技术标准，解决了特厚煤层大采高综放开采的围岩控制、厚顶煤高效、高回收率放出等关键难题，首次实现特厚煤层年产千万吨的安全高效开采。研发了首套年产千万吨特厚煤层大采高综放开采成套装备。成功研制了支撑高度 5.2 米的强力抗冲击的大采高综放液压支架、综放面后部大功率刮板输送机、高可靠性采煤机及新型综合配套设备，以及国产大功率刮板输送机阀控液力偶合器，解决了特厚煤层大采高综放开采装备的技术难题。

近年来，高新技术不断向传统采矿领域渗透，美国、澳大利亚、英国、德国等国家采用了大功率可控传动、微机工况监测监控、自动化控制、机电一体化设计等先进技术，研制了适应不同煤层条件的高效综采大型设备。新型综采设备在传动功率、设计生产能力大幅度增加的同时，功能内涵也发生重大突破，并实现了综采生产过程的自动化控制[28]。从 2001 年开始，我国以国内外合资的形式将国外的电液控制系统引入国内。2008 年，我国自行研制的首套具有自主知识产权的 SAC（support automatic control）型支架电液控制系统问世，打破了长期以来国外产品的垄断。与国外产品相比，国产电液控制系统在产品架构、控制灵活性等方面具有优势，但在产品可靠性、稳定性方面还有待提升。

在黄陵矿业集团有限责任公司（简称黄陵矿业）实现了薄煤层无人化工作面，实现了地面调度指挥中心远程操控，通过综合技术改造，提高了工作面可视化视频监控效果，实现了转载机自移与液压支架联动控制、智能采高调整、斜切进刀、连续推进等功能的无人化开采模式。黄陵矿业一号煤矿1001综采工作面经过4个月的生产运行，实现了"以采煤机记忆割煤为主，人工远程干预为辅；以液压支架跟机动作为主，人工远程干预为辅；以综采运输设备集中自动化控制为主，人工远程控制为辅"的生产模式，综采工作面由原来的11人（煤机司机3人、支架工5人、运输机司机1人、电工1人、泵站司机1人）联合作业，递减至2019年的3人（巡视工1人、监控中心操作工2人）随机监护，真正做到了综采工作面远程控制自动化无人开采。1001智能化综采工作面正式投入运行以来，整套生产系统运行稳定可靠，取得了日连续推进9刀半的记录[29]。

三、灾害防治

（一）监测监控技术与装备

全矿井综合自动化与信息化产业的主要支撑技术大体可分为五大类：检测技术、数据传输技术、自动控制技术、信息集成及挖掘技术与产品可靠性设计及测试体系。

检测技术包括多种物理量的检测技术及图像识别技术。气体浓度检测主要是甲烷、一氧化碳、二氧化碳、氧气、硫化氢等气体的检测，其中又以甲烷气体的检测最为重要。基于"非色散红外检测"技术（NDIR）的甲烷检测传感器具有检测精度高、响应时间快、检测范围广、性能稳定、不受检测环境中其他气体的干扰、无有害气体中毒现象、寿命长等特点，成为煤矿瓦斯检测的主流技术。激光气体检测技术可为煤矿提供检测精度更高、更为可靠的瓦斯监测手段，具有很好的发展前景。温度检测是目前应用最为广泛的传感检测，其基于分布式光纤测温技术具有无源、可长距离覆盖特性，具有广阔的应用前景。目前在瓦斯抽放计量领域使用较为广泛的流量测量技术仍然为压力式和速度式。基于图像识别的皮带纵撕检测、煤岩识别、煤流量监测、自燃检测等还处于研究阶段。

数据传输技术的主流通信模式仍为有线通信模式。而光纤技术的引入为有线传输技术开辟了新的天地，光—电—光的转换模式成为主流技术传送模式。无线通信技术涵盖高频、中频和低频，其中主要有感应通信、漏泄通信、透地通信、射频识别(RFID)、ZigBee、WiFi、4G 等通信制式，还需对这些技术开展适应性研究。综合传输平台以太环网平台+RS485 现场总线的方式为主，采用"地面中心站+以太网平台或传输分站+现场采集或执行设备"三级组网模式。

自动控制技术在煤矿领域的应用主要是通过对煤矿风、水、电、采、掘、运、洗选加工等各重要生产环节按照子系统的方式实现自动控制，各个子系统采用工业可编程逻辑控制器(programmable logic controller，PLC)或者嵌入式控制器，根据工艺控制流程编写控制逻辑，可以实现就地控制及采用网络通信方式实现远程集控，煤矿自动化及信息化水平得到了提升。

信息集成及挖掘技术主要包括多元异构系统数据的有效融合、数据安全高效可靠传输、海量数据存储与备份、多元信息时空特性表达及分级分区协同管理模式等关键技术支撑点，是当前行业的主要研究内容，也是未来的研究重点。

产品可靠性设计及测试体系是工业性产品的可靠性设计规范、测试标准、测试方法及相关数据库的建设，以及提高产品的性能和功能现场的适应性、可制造性、可测试性、可安装维护性。目前可靠性测试已从最初应用于军工产品的测试，转变为广泛应用于民用行业的产品；从电子产品可靠性发展到机械和非电子产品的可靠性；从硬件可靠性发展到软件可靠性；从重视可靠性统计试验发展到强调可靠性工程试验[30]。中国煤科集团重庆设计研究院有限公司在产品可靠性设计及测试体系研究方面开展了一些有益的尝试，在产品可靠性设计方面积累了一定的经验。传感器外壳防护等级由 IP54 提升为 IP67；防结露、弱信号数字化处理、双原理复合检测、差压检测零点自校准等技术的运用解决了同类产品在煤矿井下使用过程中受冷凝水气(雾)、电磁干扰、压力、温度、粉尘及气体影响的行业难题；对监控系统的主要配套产品进行了升级改造，并在行业内率先全面满足《煤矿安全监控系统通用技术要求》(AQ 6201—2019)抗干扰技术要求。

近些年研发的主要技术和装备如下所述。

开发了集地质测量、生产技术、通风安全、办公自动化和数字化矿山、安全生产监控于一体的预警平台，实现了隐患联动控制和动态预警[25]。

采用分布式激光甲烷检测技术，解决了超长距离工作面甲烷监测；红外甲烷传感器采用防结露专利技术及弱信号数字化处理技术，不受冷凝水气(雾)、电磁干扰、压力、温度、粉尘等影响；双向风速传感器采用差压检测原理、"零点自校准技术"实现了风速正反向定量检测；针对我国煤矿实际应用工况条件，与英国 CITY 公司合作定制开发了满足 AQ 标准的一氧化碳及氧气敏感元件，大幅度提高了传感器的稳定性、可靠性；馈电传感器采用电场感应原理，实现了对 3300 伏特以上电压等级设备的馈电状态检测，为非接触感应，无须接地；烟雾传感器采用双原理复合检测技术，解决了同类产品在煤矿井下使用过程中受粉尘及气体影响的行业难题。

成功研制了长为 10 千米、空间分辨率为 0.4 米、测温精度达±1 摄氏度的矿用分布式光纤测温主机，成本降低了 76%，技术性能达到了进口机的水平。研发了 KJ783 矿用钢绳芯输送带 X 射线探伤系统，运用图像识别技术实现了对钢丝绳断绳、锈蚀、劈丝、接头抽动等异常的判断，并在国投新集能源股份有限公司口孜东矿现场运用成功。

开发了一氧化碳及氧气敏感元件，大幅度提高了传感器的稳定性、可靠性；红外甲烷传感器设计采用防结露专利技术及弱信号数字化处理技术，不受冷凝水气(雾)、电磁干扰、压力、温度、粉尘等影响；监控系统设计有远程电池维护功能，全面提升了供电安全性能。烟雾传感器采用双原理复合检测技术，解决了同类产品在煤矿井下使用过程中受粉尘及气体影响的行业难题；双向风速传感器采用差压检测原理、"零点自校准技术"实现了风速正反向定量检测，克服了传统的采用超声测量方法受湿度影响、测量稳定性差、测量下限高等缺陷，真正满足了煤矿井下特殊监测环境的需要；KJ90NB安全监控系统是行业内首家全面满足《煤矿安全监控系统通用技术要求》(AQ 6201—2019)抗干扰技术要求，首次在行业内实现传感器防护等级由 IP54 提升为 IP67。

突破了多频点自动转换无线通信技术、高浓度多参数监测和传输技术、大场景多画面视频监测技术、灾变条件下全面罩免操作静噪集群语音通话技术、生命体征信息监测和传输技术，研制了一套全新的矿山救灾无线监测监视与通信技术及装备,成果达到了国际领先水平,该项目成果已广泛应用于山东、山西、陕西、内蒙古、新疆、贵州等全国主要煤炭产区,提高了矿山应急救援能力和水平,减少了继发灾害事故的概率,有效杜绝了救护队员的作战伤亡,取得了巨大的经济效益和社会效益。

(二)瓦斯抽采利用技术与装备

煤矿瓦斯灾害防治的关键在于有效实施瓦斯抽采措施,目前井下松软低透气性煤层螺旋钻进技术已经能够实现 150 米顺利钻孔、硬煤层中长钻孔深已超越 1500 米;适用于低透气性煤层的井下水力压裂技术和气体压裂增透技术等能够使煤层透气性提高 3~10 倍;而保障井下抽采质量的高效封孔材料、抽采产能评估、抽采管网智能调控等技术逐步形成并进行了应用。但是随着浅部煤炭资源的减少,深部矿井煤岩瓦斯动力灾害逐步成为制约煤矿安全高效生产的主要问题之一。随着开采深度与强度的不断加大,高地应力、高温及高瓦斯危害也随之增大,开采环境进一步恶化,煤岩与瓦斯动力灾害越来越严重且动力灾害特性模糊,即有以瓦斯抽采为主体的防治技术不能完全满足灾害治理的需求。

煤矿区煤层气抽采主要包括地面预抽采技术、采动区地面抽采技术和井下抽采技术三类。目前,地面预抽采技术主要集中于地面高效钻完井技术、定向钻井技术、多分枝随钻量测钻井技术和高效压裂技术等。目前,地面井的钻完井技术相对成熟,而复杂地质条件下的定向钻进技术仍亟待完善,松软煤层压裂效果不明显,影响了地面预抽采的效果。采动区地面抽采主要涉及地面井结构优化设计、布井位置优选、安全抽采、采空区资源评估和规模化抽采技术等方面。目前采动区地面井设计、安全抽采等方面的技术逐步趋于成熟,但适用于规模化开发条件下的区块评估、规模开发设计、采动破碎区高效钻完井等技术仍亟待完善。另外,开展了井上下联合抽采技术研究和示范,对于井上下联合开发的方式、时空接替控制等方面亟待攻关。

煤矿区煤层气浓度范围变化大、抽采量不稳定、超低浓度(0.4%左右)乏风量大,这使得通常成熟的煤层气利用技术无法适用。目前发展较快的主要涉及乏风瓦斯氧化利用技术、低浓度瓦斯提浓技术、煤层气深冷液化技术、低浓度煤层气发电技术及其配套装备等。乏风瓦斯利用技术主要分为辅助燃料利用技术和主要燃料利用技术两大类。主要燃料利用技术又分为热逆流式乏风瓦斯氧化技术、热逆流催化氧化技术、催化氧化燃气轮机技术等。其中热逆流式乏风瓦斯氧化技术最为成熟和可靠，有较多的实验装置和工业示范案例[31]。采用该技术的主要有美国 MEGTEC 公司，德国 DURR 公司、EISENMENN 公司，中煤科工集团重庆设计研究院有限公司、胜利油田胜利动力机械集团有限公司、淄博淄柴新能源有限公司、中科院能源动力研究中心等。低浓度瓦斯利用中的安全保障防爆炸技术是整个煤矿区煤层气利用领域的关键，目前适用于低浓度瓦斯集输利用的三级防护装备、安全掺混技术、高效燃气发电装备已经投入市场，相关标准已经逐步颁布。煤层气深冷液化技术主要是利用煤层气中不同气体组分凝点不同的特点，分批液化不同成分的液体，从而提炼出高纯度瓦斯，该技术已经发展成熟。同时，我国煤矿区煤矿抽采规模大小不一、各矿地理位置分散、地形复杂等特殊条件对瓦斯利用装备的壳装化、模块化提出了现实要求。

近年来，国内在瓦斯抽采利用方面研发的典型技术与装备如下所述。

研发了煤矿井下快速取样技术及装备。该装备采用先进的喷射技术和多级引射技术，实现了不撤钻杆取样，随钻随取，可在 5 分钟内实现煤层 100 米或更大范围内任意点的快速定点取样。

研发了煤矿井下瓦斯抽采提浓增效成套技术及装备。形成了单一高瓦斯煤层煤层气产能预测软件，用于指导矿井确定合理的预抽钻孔布置参数，以达到提高瓦斯抽采的目的；提出了成套的高效封孔技术及装备，包括合理封孔参数测定、适合煤层的封孔材料与工艺及高效封孔装备等，提高了矿井封孔效果和效率，从源头上提高了矿井抽采瓦斯浓度；形成了抽采管网瓦斯浓度保障系列技术与装备，包括合理负压调控技术、管道检漏堵漏装备、排水除渣装置、管道抽采参数测定装备等，减少了抽采系统的漏气量，保障了高浓度瓦斯在输运过程中不被稀释。

初步形成了煤矿采动区煤层气地面抽采成套技术与装备。形成了集采动稳定区煤层气资源评估、采动影响区地面井布井位置优选、井型结构优化设计、井身高危破坏位置安全防护、地面抽采及安全监控等关键核心技术于一体的煤矿采动区煤层气地面抽采成套技术，基本解决了煤矿采动区地面井迅速错断、抽采效果差的难题。

形成了含氧煤层气深冷液化的本质安全工艺技术方法；建立了含氧煤层气深冷液化装备安全评估体系；开发了碳分子筛高效碳沉积技术及新型孔结

构调控技术,制备出的碳分子筛用于低浓度煤层气浓缩一次可提高甲烷浓度约 30 个百分点;创新性研制了五床式低浓度瓦斯蓄热氧化装置,单台装置处理量达到 10 万米^3/小时,攻克了甲烷氧化率偏低的技术难题,甲烷氧化率提高到了 98%以上。

(三)矿井水防治和利用技术与装备

矿井水防治和利用技术主要从探测、监测预警、预测预报、水害治理、矿井水资源化与综合利用等方面入手。

目前我国的探测技术手段有水文地质试验技术、地球物理勘探技术、地球化学勘探技术、钻探技术等,这些技术方法和手段及其综合应用已能比较好地解决矿井水文地质勘探中的大部分问题[32]。但在老采空区积水和奥灰岩溶水突水方面的探测技术,其基础研究工作薄弱、探测效果良莠不齐。随着我国中东部传统的大水矿区已逐步向深部延伸开采,煤矿开采的水文地质条件越发复杂,矿井水害威胁更加严峻。

预测预报主要是指矿井突水威胁的安全性评价与涌水量计算技术,目前突水性评价技术主要包括"突水系数法"、"五图-双系数法"、"三图-双预测法"、模糊综合评判法、人工神经网络方法等;矿井涌水量计算技术主要包括经验公式法、类比法、解析法和数值法。这些理论和方法针对不同的地质、水文地质与工程地质条件有着不同的应用效果,有些还有待在今后的应用实践中进一步完善[33]。

监测预警技术主要是从矿井突水各项指标出发,利用水情传感器技术,开发以水文地质参数、应力、应变等为监测指标的监测预警系统,以岩层破裂监测为监测指标的微震监测系统,以地层电阻率探查为基础的网络并行电法监测系统等[34]。但该技术仅在部分生产矿井开展过一些初步的试验研究工作,对于煤矿安全生产发挥了一定的作用。

水害治理技术是根据具体的矿井水文地质条件和水害类型与特点,通过专门的水害防治设备和工程,对水害进行治理的技术方法。目前国外在煤矿水害治理方面主要采用疏干法(苏联及欧美通常将疏干降压统称为疏干)。国内针对顶板水害一般采用疏干或预疏放,以降低采掘过程中的涌水强度,一般均可以取得较好的效果。注浆加固与改造技术是底板水害治理的主要手段,目前在矿井特大型突水事故治理工程实践方面具有一定的经验基础,但在矿井注浆堵水领域,其理论研究远远落后于技术经验[35]。

目前我国的矿井水资源化与综合利用技术主要包括:含水层转移存储技术、地下水库修建、矿井水井下处理及排水利用,但上述方法大多仍处于概念状态,仅在矿井水井下处理方面有所实践。我国针对西部矿区,需要从煤炭资源开发对地下水环境的演化机理与调控方面开展基础研究与技术实践,研究地下水污染机制,矿井水处理与调控,矿井水原位、深度处理原理和技术,矿区水资源优化配置技术,分质供水的技术,矿区水环境修复和综合整治技术、实践等方面,为煤矿区水资源可持续利用提供技术保障。

近些年来研发的典型技术与装备如下所述。

攻克了高水压条件下随钻测量、大直径倾斜钻孔保直钻进、大位移定向孔轨迹控制、前进式分段注浆等技术难题。

攻克了携袋钻进、钻注一体化转换、注浆入袋、抛袋提钻等一系列技术难题。实现了在突水刚发生时动水条件下的直接注浆,且注浆范围可控[24]。

开发了煤矿井下防治水定向钻进与注浆技术,研制了动水大通道突水钻孔控制注浆高效封堵成套技术。

(四)火灾爆炸防治技术与装备

在煤自燃研究方面,主要进行了煤自燃机理研究、煤自燃过程的宏观特性和微观结构变化规律研究,预测预报煤自燃的状态及其相关技术手段,探测火源;研制了防灭火材料及其配套装备与工艺、火区启封技术、瓦斯与火共存条件下的安全保障技术和装备等。对于煤自燃方面的研究,中国矿业大学从机理方面提出了自由基理论;辽宁工程技术大学提出了量子化学理论,并与中煤科工集团重庆研究院有限公司和中国矿业大学共同提出了逐步自活化理论等,对于煤自燃机理和过程从不同角度进行了解释,并在一定程度上指导了煤自燃的防治工作。在煤自燃倾向性方面,研制了以吸氧量、耗氧量和活化能为指标的鉴定方法。在发火期方面明确了理论发火期、实验发火期、计算发火期和现场发火期等。在材料方面研制了以惰性气体和泡沫为主的软性材料、以胶体和浆体为主的半流动性材料,以及以有机、无机固化材料为主的固体材料。在探测方面发展了物探(测氡、电磁探测)和钻探相结合等手段。在监测方面发展了以正压和负压束管为主的专门探测装备,同时以各种新型气体和温度传感器为补充研制了自燃火灾发生发展的监测体系。

在煤矿火灾防治方面,人工取样监测和束管连续监测相结合的煤自燃早期预测预报技术得到普遍应用,光纤测温技术在皮带和电缆火灾监测领域的应用相对成熟并达到了国外先进水平,但隐蔽火源的准确探测仍然是尚待攻克的技术难题。煤矿大规模应用注浆、注氮气技术作为主要防火手段,胶体、凝胶、泡沫等防灭火新材料作为有力补充,提高了煤自燃防治技术水平。但是,高地温、高矿压、特厚煤层分层和浅埋藏煤层群开采等特殊条件下的煤自燃仍然频繁发生,高瓦斯矿井煤自燃与瓦斯耦合致灾的危险性和危害性并没有降低,开采强度大的高产高效煤矿(矿区),由于丢煤绝对量巨大,煤自燃规模也有增大趋势。这些都对特殊条件下煤的自燃发生发展特性的认识、预测预报方法、防治技术装备提出了更高的要求。

在气体粉尘爆炸理论研究方面,目前国内外主要针对常温常压及不同环境条件下气体粉尘爆炸特性方面进行了初步的研究,但对各类工业粉尘的爆炸机理的认识依然不够清晰。尤其近年来,化工企业、面粉厂等单位发生粉尘爆炸的事故屡见不鲜,造成了巨大的人员伤亡和财产损失。例如,2014年8月2日,江苏省昆山中荣金属制品有限公司发生粉尘爆炸事故,造成75人死亡。因此,如何有效治理工业粉尘,防止和抑制矿山及工厂企业可燃性粉尘爆炸事故是目前形势下亟待解决的一项重大课题。

隔抑爆技术及装备是控制气体粉尘爆炸灾害的有效技术措施,如岩粉棚、水槽棚、水袋棚等,在世界各主要产煤国得到了不同程度的开发和应用。从《煤矿低浓度瓦斯管道输送安全保障系统设计规范》(AQ 1076—2009)实施以来,国内多家企业分别研发了实时产气式管道用自动喷粉抑爆装置,采用储压式抑爆原理的管道用自动喷粉抑爆装置,以及以二氧化碳作为抑爆剂的储压式管道用自动抑爆装置等。伴随《煤矿低浓度瓦斯管道输送安全保障系统设计规范》(AQ 1076—2009)的实施,瓦斯管道安全保障用自动喷粉抑爆装置产品已比较成熟,基本实现了产业化,正在取得广泛的应用[36]。

(五)应急救援技术及装备

《国家中长期科学和技术发展规划纲要(2006—2020)》(国发[2005]第044号)已将重大生产事故预警与救援列入公共安全领域中,有利于突破关键技术研发出新型应急救援装备,加强其技术集成应用和产业化示范。《国务院关于进一步加强企业安全生产工作的通知》(国发〔2010〕23号)

提出建设国家矿山应急救援队，不断提高矿山应急救援的装备、技术和管理水平。《国务院办公厅关于进一步加强煤矿安全生产工作的意见》（国办发〔2013〕99 号)中也提出要提升煤矿安全监管和应急救援科学化水平，加强煤矿应急救援装备建设，并对应急救援装备的研发、配备提出指导性意见[12]。为深入贯彻落实相关文件的指示精神，不断提高矿山应急救援的装备、技术和管理水平，我国 2018 年先后依托大型煤业集团投资建设了 7 个国家矿山应急救援队、14 个区域矿山应急救援队及 47 个央企应急救援队，目前还要求各矿山生产企业进行兼职矿山救援队的规划建设工作，因此，矿山应急救援产业是国家大力发展、进行政策扶持的朝阳产业。

近年来随着国家矿山应急救援队、区域矿山应急救援队和央企应急救援队项目的建设，带动了应急装备研发和生产制造企业加大了投入和研发力度，我国的应急救援技术装备在性能方面有了很大的提高，但在事故救援过程中暴露出还有不少困扰应急救援实施的技术装备难点和薄弱环节没有攻克。例如，面对突发且复杂的矿山灾害事故，事故预判报警及快速响应机制还不健全，矿山应急决策、救灾实施的技术与装备是矿山安全的薄弱环节，还不能及时有效地协同展开救援工作，事故发生后决策部门不能及时准确地掌握事故发生地、类型、受灾范围等，导致常常因难以得到灾区环境的准确信息，无法准确掌握遇险人员的具体位置；另外，我们虽然拥有一大批高精尖设备，但其安全可靠性、成套性、适应性方面的研究还有所欠缺，严重影响了救援效果。

近些年研发的主要技术与装备如下所述。

研制了车载钻机(ZMK5530TZJ60（A）)及配套装置。可满足钻孔深度 500 米、孔径 750 毫米的救援钻孔地面施工需要；救援提升舱及配套装备舱体有效空间为 Φ540 毫米×1900 毫米、提升下放速度最大为 1 米/秒。

成功研制了透地通信系统，其具备远程环境参数监测、语音对讲、文本短信息、语音短信、无线互联、文件传输、数据存储、拷贝、历史通信记录报表等功能，现场试验验证其垂直透地通信距离不小于 500 米，超过了国外同类产品。

研发了煤矿安全虚拟仿真培训系统。该系统具有煤矿三维仿真、逃生训练、安全意识、4D 动感、矿井灾害、救援演练、救援装备等培训功能，以及高度沉浸感，能极大地提高培训效率，降低培训成本。在国家矿山应急救援芙蓉队、平顶山队等 7 个国家救援队及部分高校进行了应用。

研制了 KJ30 矿用救灾无线通信系统，救护队员可快速搭建数据传输通道，将事发地点的现场图像、环境参数、救护队员生命体征等信息传输至指挥中心，支持双向对讲，供救援指挥人员实时掌握救援情况，进行可视化管理和调度[24]。

研发出了避难硐室、避难舱、急救援指挥系统等应急避险系列产品。攻克了抗爆密闭、供氧、净化、温湿度控制、长时供电、动力供给、生命保障等技术难关。开发出了适用于不同人数规模的固定式避难硐室、移动式救生舱、逃生过渡站等紧急避险装备及配套的通信、长时自救器、呼吸器等设备。建立了移动式矿井重大灾害应急救援指挥系统，可完成气体采集、监测、危险性判别等信息、救援方案制定、应急措施执行等[25]。

四、职业危害防治

在粉尘检测方面，国内对粉尘浓度的检测主要分为两大类：一类是直接法，通过采样称重，获得粉尘的浓度；另一类是间接法，即通过光学法、β射线、微量振荡法、电荷感应法等检测，并通过采样称重进行标定，实现粉尘的间接检测。检测对象分为两个方面：一个是呼吸性粉尘，另一个是总粉尘。国内同时规定了总粉尘及呼吸性粉尘的限值，因此实践中对呼吸性粉尘和总粉尘都有检测。直接法粉尘浓度检测主要分为两个大的步骤：一个是粉尘的采样；另一个是对采集样品的称量，以获得单位体积的粉尘质量及粉尘浓度。采样称重是目前应用最广泛、最准确的粉尘测量方法，是间接粉尘测量的标定手段。间接法粉尘浓度监测技术主要分为四大类：光散射法(吸收法)、β射线法、微量振荡法、电荷感应法等。通过间接法所获得粉尘浓度与间接法所获得信号的对应规律，采用直接测量法标定后获得粉尘的绝对浓度。

近十几年来，粉尘测量仪表的研制与生产有较大发展，开发出了粉尘采样器、直读式测尘仪和粉尘浓度传感器，实现了对粉尘作业场所总粉尘浓度的连续监测。我国目前已有部分煤矿企业推广使用粉尘浓度在线监测技术，以监测促防治，收到了良好效果。但对于导致尘肺病的关键危害因素——呼吸性粉尘，一直以来，国内外都采用呼吸尘采样器(包括个体采样器)进行采样，这种方法无法实时监测煤矿井下呼吸性粉尘的大小，致使粉尘的职业危害研究多采用时间序列分析，基于已发病例的概率估计等方法研究无法为相关的职业接触限值的调整提供科学的定量依据，从而严重制约着我国对呼吸性粉尘的监管和高效治理。因此，对煤矿呼吸性粉尘的在线监测势在必行，已经成为粉尘检测的一个十分重要的研究方向。

除尘技术广泛应用于掘进工作面防尘。国内除尘器由于受国内煤矿条件的制约，基本上都采用除尘风机和除尘器一体化设计的方式，以获得较小的体积和重量。但这样的结构也带来了风机动力不足、除尘效率偏低的问题。

近些年研发的主要技术与装备如下所述。

(1)研制了感应式粉尘浓度传感器，在神华、淮北等地完成了工业性试验，测量范围在 0~1000 毫克/米^3，测量精度为±15%。传感器采用贯穿式结构，可采用压气和喷水进行快速清洁，基本免维护；检测单元耐腐蚀、耐高温，探头污染、粉尘沉积不影响测量，能适应恶劣环境的应用。

(2)研制成功了达到德国水平的新型高效除尘器，其特点是：①总粉尘除尘效率在99%以上，呼吸性粉尘除尘效率可稳定在98%以上(国际先进除尘器在 95%以上)。②过滤单元采用过滤网与丝网相结合，有利于煤粉分级滤除，减轻丝网或过滤网堵塞的概率；采用了较大的喷雾流量(约 150 升)，能及时将过滤单元上的粉尘冲洗下来；设计了自动反冲洗装置，能避免过滤单元上部分顽固粉尘的沉积。③采用小流量连续排放污水并补充净水的办法进行污水浓度控制，能保证污水浓度不高于 6%，避免过滤单元堵塞。

第二节　煤矿安全生产工程科技存在的问题

近年来，我国安全生产形势不断好转，但事故总量仍然较高，区域发展极不平衡；随着矿井开采深度的增加，安全保障面临严峻考验；特别是煤与瓦斯突出、冲击地压、热害等矿井灾害呈现出新的变化，出现了多种灾害耦合，增强了灾害的复杂性，防治难度更大；职业健康形势日趋严峻，职业病新发病例数、累计病例数和死亡病例数均居世界首位。总体上来看，现有的风险评估、监测预警、事故防控及应急救援理论、技术和装备已无法完全满足安全生产重特大事故防控新需求。

一、复杂的煤田地质条件要求更高的勘探精度

我国煤炭资源分布广，但是煤层赋存条件差异大，且地处欧亚板块接合

部，地质构造复杂，对地质勘探程度和精度要求更高。目前我国初步形成了具有中国煤田地质特色的勘查理论体系，"以地震主导，多手段配合，井上下联合"的立体式综合勘探体系逐渐成熟。但随着煤层埋藏深度的增加，煤层上覆岩层厚度增加，下部煤层上覆采空区的存在使得浅部煤炭地质勘探的技术方法受到严重限制，主要表现在地球物理信号的衰减与屏蔽、钻探工程量激增、钻孔穿越采空区困难、井下钻探受高地应力与高压水的威胁等方面。随着信息化技术的快速发展，透明矿井的概念已经被提出，目前的勘探程度和精度还难以满足要求。

二、煤矿开采智能化程度较低

智能化开采技术取得了一定突破，但大部分煤层还无法实现智能化开采。近年来，我国在不同煤层开展的智能化开采研究与实践取得了很多突破，在条件较好的煤层能够实现"无人操作、有人巡视"的常态化生产，但大部分煤层都不如预想般理想，而且时常存在无法预知的围岩活动和环境变化，给智能化开采带来了进一步的挑战。因此，需要研究装备及开采系统自身状态调整、多设备协调控制等一系列关键技术，包括采煤机智能调高控制、液压支架群组与围岩的智能耦合自适应控制、工作面直线度智能控制、基于系统多信息融合的协同控制、超前支护及辅助作业的智能化控制等[37]。我国大量煤矿地质开采条件复杂，安全压力大，亟须研究复杂条件下的智能化开采技术，减少井下作业人员，保障矿工生命安全。

三、耦合灾害防治理论和技术手段还需进一步深入研究

随着开采深度的延伸，出现了多种灾害耦合，防治难度更大，相关研究尚未深入。目前我国煤矿开采深度以平均每年 $10\sim25$ 米的速度向深部延伸。特别是在中东部经济发达地区，煤炭开发历史较长，浅部煤炭资源已近枯竭，许多煤矿已进入深部开采（采深 $800\sim1500$ 米）[38]，全国 50 多对矿井深度超过 1000 米。与浅部开采相比，深部煤岩体处于高地应力、高瓦斯、高温、高渗透压及较强的时间效应的恶劣环境中，煤与瓦斯突出、冲击地压等动力灾害问题更加严重。

四、应急救援技术装备不完善

在事故救援过程中暴露出还有不少困扰应急救援实施的技术装备难点

和薄弱环节没有攻克。近年来应急装备研发和生产制造企业加大了投入和研发力度,我国的应急救援技术装备在性能方面有了很大的提高,但面对突发且复杂的矿山灾害事故,事故预判报警及快速响应机制还不健全,矿山应急决策、救灾实施的技术与装备是矿山安全的薄弱环节,还不能及时有效地协同展开救援工作,事故发生后决策部门不能及时准确地掌握事故发生地、类型、受灾范围等,导致常常因难以得到灾区环境的准确信息,无法准确掌握遇险人员的具体位置;另外,我们虽然拥有一大批高精尖设备,但其安全可靠性、成套性、适应性方面的研究还有所欠缺,严重影响了救援效果。

五、职业健康保障尚未形成完整技术装备体系

随着国家"十三五"规划的推进,煤炭企业越来越重视职业危害防治工作,国家层面也不断加强职业卫生监管能力建设,狠抓职业危害各项措施的落实。但是,由于煤炭行业的特殊性,煤矿工人数量多、流动性大,采煤作业过程中又存在多种职业性有害因素,煤矿企业在职业病危害防治工作推进过程中,有待重视的问题还有很多[39],主要表现在危害防治措施不具体、不成体系、针对性不强、实施效果差。

第三节　新时代对煤矿安全生产工程科技的需求

纵观国际采矿史,煤矿安全事故发生的致灾机理和地质情况不清、灾害威胁不明、重大技术难题没有解决等是事故发生的主要原因[40]。新时代要求攻关煤矿安全生产的"卡脖子"科技难题,构建完善的职业安全健康保障体系,提升煤矿安全生产水平,尽早实现煤矿不再有伤亡、职业健康有保障。

一、地质勘探预测与灾害源探测的工程科技需求

随着煤炭开采规模的增大、开采强度的提高、开采深度的日益增加,现代化矿井安全高效建设生产对开采地质条件的查明程度提出了更新、更高的要求,形成了以采区地面三维地震、瞬变电磁法和矿井瑞利波、直流电法、音频电透视、坑透、瓦斯抽采为主要手段,以采空区、小构造及陷落柱等超前探测、超前治理为地质保障的主要技术。经过多年的研究发展,一种地质与地球物理相结合、钻探与巷探相结合、"物探先行、钻探验证"、地面与井

下立体式勘探的地质构造精准探测地质保障技术已经形成。

煤矿采区小构造高分辨率三维地震勘探技术、隐蔽致灾灾害源探测技术及地质预测方法和矿井复杂地质构造探测技术与装备等是地质保障上工程科技需要攻关的方向。

二、煤炭精准智能无人开采的工程科技需求

要想从根本上破解煤矿安全高效生产难题,煤炭工业须由劳动密集型升级为技术密集型,创新发展成为具有高科技特点的新产业、新业态、新模式,走智能、少人(无人)、安全的开采之路[40]。一方面,应靠提升自动化和智能化水平精减人员,实现煤矿开采总体少人化,主要工艺流程无人化;另一方面,应提升煤炭开采技术水平,保证在少人(无人)情况下的煤炭安全高效开发,以满足经济社会的发展需求,并具有国际竞争力。第三次工业革命势头强劲,信息化技术日新月异,为由传统的以经验型、定性决策为主的采矿业向现代化的精准型、定量智能决策的采矿业转变提供了机遇,为实现安全智能精准的煤炭开发提供了可能[41]。

智能化开采技术,不仅将工人从繁重的体力劳动中解放了出来,减少了顶板、水、火、瓦斯、煤尘对职工身心健康的危害,而且有效提高了工作效率、煤炭开采率和现场安全管控水平,在我国煤炭资源丰富的西部地区具有极大的推广应用价值。目前不同煤层开展的智能化开采技术研发与实践取得了重要进展,如黄陵矿业集团有限责任公司一号煤矿等示范工作面实现了"无人操作、有人巡视"的常态化生产[37]。对于复杂地层条件下的断层、瓦斯、水等影响顺利开采的地质问题,设备本身还无法应对:一是开采装备本身的自动化、智能化程度还不够,还无法替代工人的大脑;二是整个矿山采区内的地质情况无法被有效感知和获取,因而设备也无法对相关情况作出判断和反馈;三是企业理念、技术和管理水平不平衡,许多智能化开采项目未达到理想效果,这给智能化、无人化开采带来了严峻的挑战,还需突破一系列关键技术和装备[37]。智能化开采技术的发展重点集中在以下方面[37]。

(1)液压支架群组对围岩状态的自适应支护是无人化开采的核心技术。已提出了液压支架群组与围岩智能耦合自适应控制的理论与技术框架,包括支护质量在线监测系统及方法、支护状态评价方法、群组协同控制策略,需继续研究突破液压支架结构自适应、可控性,代替人工操作,实现对围岩的

实时、最佳支持与控制。

（2）采煤机智能调高控制是指采煤机根据煤层厚度及倾角等条件的变化自动调整摇臂高度以实现对煤层的精准截割，智能调高控制是智能化综采的关键技术之一。从逻辑上来看，煤岩识别是智能调高的基础。然而，煤岩识别并不是智能开采的唯一途径。应探索基于煤层地质信息精准预测、工作面三维精准测量、数字模型推演、采动应力场和截割参数动态分析、最佳截割曲线拟合等综合智能调高控制决策策略，从而实现对采高的精准智能控制。

（3）基于系统多信息融合的协同控制技术。现有的集控系统只是将各个设备的信息汇集到一起，并没有进一步的数据挖掘和应用，也就无从谈起信息融合及智能决策。应建立多层级的多信息融合处理系统及数据应用平台，在统一平台上应用大数据技术综合分析、融合设备之间的信息，基于设备当前的状态、空间位置信息、生产运行及安全规则等做出决策；各设备基于自感知数据分析并做出控制决策。

（4）复杂条件工作面超前支护及辅助作业的智能化控制。还存在工作面超前巷道设备集中，应力分布复杂，底鼓、两帮变形难以抑制和消除，端头超前支护和设备维护还需要较多人工作业等问题。超前支护及辅助作业智能化是无人开采的主要瓶颈。

提升自动化和智能化水平的煤矿精准智能无人开采，液压支架、采煤机、运输机及其他设备协同控制，实现主要流程无人化，决策精准、定量化等是煤矿开采上工程科技需要攻关的方向。

三、煤矿多元耦合致灾防治的工程科技需求

一直以来，水火瓦斯顶板是煤矿的主要灾害。目前，矿井复合水体多重水害、自然发火、瓦斯突出和冲击地压的威胁依然存在并严重影响煤矿的安全生产，特别是在深部开采高温、高压、高瓦斯条件下，煤矿多元耦合灾害问题越来越凸显。因此，煤炭工业安全科学技术研究还存在很多不足。

深部矿井突水事故、煤与瓦斯突出、冲击地压等多种煤岩动力耦合灾害机理及其诱发条件、煤矿隐蔽致灾因素动态智能探测、深部矿井冲击地压防控技术与装备、煤矿重大灾害预警、数值模拟和真三维数值仿真智能判识平台建设等是煤矿灾害防治过程中工程科技需要攻关方向。

四、应急救援装备研发的工程科技需求

目前在煤矿应急救援的事故预判、报警及响应、应急处置、事故原因还原及再现、应急救援规范化、标准化等方面还存在许多不足，还有很多共性关键技术需要攻克，需要进行智能化、一体化、成套化及安全可靠方面的研究。

在地面救援方面，开发全液压动力头车载钻机、救援提升系统研制及其下放提吊技术、煤矿区应急救援生命通道井优快成井技术；在井下救援方面，推进大功率坑道救援钻机、大直径救援钻孔施工配套钻具、基于顶管掘进技术的煤矿应急救援巷道快速掘进装置的研制，以及井下大直径救援钻孔成孔工艺设计；隐蔽致灾因素探查装备和井下恶劣条件下煤矿应急救援机器人的研发，是应急救援中工程科技需要攻关方向[37]。

五、职业危害防治的工程科技需求

我国煤矿粉尘形势依旧严峻，煤矿职业危害上升趋势尚未得到有效遏制。煤矿企业接触职业危害的人员数量大、接害率高；受煤矿粉尘引发的煤工尘肺及矽肺总数仍呈现逐年上升的趋势[42]。

在煤矿粉尘检验检测方面，我国是以人工抽检为主，存在覆盖率低、操作不规范、弄虚作假等弊端，煤矿粉尘检验检测方式亟待改革升级；当前主流的光学粉尘浓度传感器设备尚不能很好地适应煤矿井下降尘过程带来的水雾大、潮湿的环境。结合发达国家(如美国、德国等)建立全国统一的煤矿粉尘第三方在线检验检测中心的行业经验，我国建立一个统一的煤矿粉尘第三方在线检验检测中心实现对呼吸尘危害的实时监管预警是行业发展的必然需求。在粉尘防治方面，综合当前防尘技术与装备的现状来看，煤层注水防尘技术和高效除尘技术是显著提高矿井防尘水平的关键技术，也是当前市场亟须研发的技术，但目前这两方面的技术尚不成熟，还亟待攻关。

建立第三方在线检验检测中心是管理部门亟待解决的问题。研发高效粉尘浓度传感器，开发煤层注水防尘技术和高效除尘技术、环境降尘和个体防护技术与装备等是职业危害防治中工程科技需要攻关的方向。

第四章

国内外先进煤矿安全生产
工程科技启示

21世纪以来，我国安全高效高端综采技术与装备研发突飞猛进，取得了大批重要成果，推动了煤炭行业机械化、自动化程度大幅提升，安全保障程度大幅提高，许多重点矿区连续实现亿吨无死亡[37]，详细情况如图4-1所示。

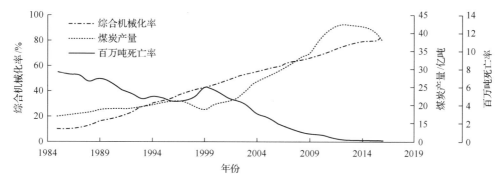

图4-1 煤炭综合机械化率、煤炭产量及百万吨死亡率指标

随着我国经济发展方式的转变，煤炭行业也由粗放的生产方式向集约化、精细化方向转型，煤矿精准开采技术成为煤炭安全高效开采的发展方向与必然趋势[37]。《国家能源技术革命创新行动计划(2016—2030年)》、应急管理部(原国家安全生产监督管理总局)《"机械化换人、自动化减人"科技强安专项行动》提出机械化、自动化、智能化、信息化装备是实现煤矿精准开采的基础条件，是实现煤矿安全生产的核心基础。因此，本书针对国内外自动化、智能化采掘生产案例进行分析。

第一节　国内先进煤矿安全生产工程科技特征分析

我国先进煤矿秉承"机械化换人、自动化减人"的理念，将先进机械自动化装备、技术应用于巷道掘进、煤炭开采等方面，在快速提升煤矿灾害防治技术水平和安全科技保障能力的同时，尽可能减少井下作业人员，尤其是针对用工多、生产劳动作业较为密集的场所。通过"机械化换人、自动化减人"，实现了"少人则安、无人则安"，从根本上保障了煤矿安全生产水平。在该方面，以自动化、智能化技术尤为突出。

一、淮南潘一矿煤与瓦斯共采

(一)矿井基本情况

淮南市矿业集团公司潘一矿(简称潘一矿)东区井田位于安徽省淮南市

西北部潘集区，东南距淮南市中心洞山约 13 千米，井田东西平均走向长约 8 千米，南北倾斜宽平均约 4.5 千米，面积约 36 平方千米。含煤地层总体构造形态为一轴向北西西的不对称背斜之东部倾伏端；地层倾向由南翼的倾向南渐变为北翼的倾向北东，倾角极缓，一般在 6 度～8 度[43]。

根据井田面积大、煤层埋藏深、表土层厚、瓦斯含量高、地温高特点，采用立井、分组集中大巷开拓方式。矿井设计分两个水平进行开采，一水平为–848 米水平(副井轨面标高为–848 米，回风井轨面标高为–842 米)，二水平暂定为–1042 米水平。工厂内布置四个井筒，即主井、副井、二副井和回风井。矿井采用中央并列式通风，主要巷道采用石门及分层(组)大巷布置形式。采用上、下山开采。矿井计划于 2012 年 2 月 28 日联合试运转，现在开采水平为–848 米水平。主采煤层为 11-2 煤、13-1 煤，均为高瓦斯突出煤层，矿井选择了开采远距离下保护层作为区域性防突措施，先开采突出危险性较弱的 11-2 煤层，卸压开采保护突出威胁大的 13-1 煤层[44, 45]。

1252(1)工作面是潘一矿东井首采面，是 11-2 煤关键保护层工作面。工作面可采走向长 1153 米、面长 260 米，工作面埋深标高为–840～770 米，平均煤厚 2.7 米，煤层倾角约 5 度，瓦斯压力为 4.59 兆帕，瓦斯含量为 11.62 米 ^{3}/吨，煤的坚固性系数 f=0.46，煤层透气性系数为 0.03693 毫达西。工作面瓦斯治理模式为"一面五巷、沿空留巷、Y 形通风、地面钻井"等技术的结合，回采前采用顺层钻孔预抽对本煤层消突，回采期间采用地面钻井、1252(3)底板巷穿层钻孔抽采 13-1 煤层卸压瓦斯，沿空留巷充填墙埋压两路抽采管路，采取远、近结合的方式抽采采空区瓦斯。在工作面日推进度 3.2 米的情况下，绝对瓦斯涌出量达到 120～130 米 ^{3}/分，其中抽采量为 110～118 米 ^{3}/分，抽采率为 91%。

(二)煤与煤层气协调开发模式

1. 协调开发模式

本小节以潘一东矿 1252(1)保护层开采工作面为例，阐述保护层卸压井上下立体抽采煤层气开发模式在该矿的应用情况。

潘一东矿根据主采煤层 11-2 煤、13-1 煤的煤层瓦斯地质特征，即具有煤层气含量和压力较大、煤层埋深大、地面难抽采，11-2 煤突出危险性相对较小的特点，选取 11-2 煤层作为保护层、13-1 煤层作为被保护层，实践远距离(煤层间距约 70 米)下保护层卸压开采，形成了以采动区抽采为主的保护层卸压井上下立体抽采煤层气开发模式(图 4-2)。该模式区别于淮北矿业(集团)有限责任公司芦岭煤矿模式的地方在于在原"规划准备区"不进行地面煤层气的预抽采,而主要利用保护层开采卸压作用在生产区和采空区进行煤层气的井上下立体抽采[44]。

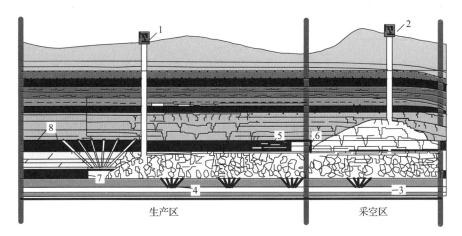

图 4-2 潘一东矿煤与煤层气协调开发模式

1-地面采动区井；2-地面采空区井；3-底抽巷；4-穿层钻孔；5-顺层钻孔；6-采空区埋管；
7-保护层(11-2 煤)；8-被保护层(13-1 煤)

2. 典型技术

1252(1)工作面主要采取的瓦斯抽采技术：采前工作面两巷顺层钻孔预抽对本煤层消突；回采期间,1252(3)工作面底板巷穿层钻孔抽采 13-1 煤层卸压瓦斯,地面钻井抽采上覆 13-1 煤卸压瓦斯,轨顺布置一路 DN400 毫米抽采管路、轨顺底板巷布置一路 DN500 毫米抽采管路抽采采空区瓦斯[44]。1252(1)工作面瓦斯综合治理图如图 4-3 所示。

1)顺层钻孔预抽本煤层瓦斯

在工作面轨顺和运顺,按间距 5 米、方位 85 度布置顺层钻孔,轨顺钻孔深度为 130 米、运顺钻孔深度为 140 米,顺层钻孔交叉 10 米。所有顺层钻孔均采用深孔、大直径、全程下套管技术,采用"两堵一注"封孔方法,大大提高了瓦斯抽采浓度和纯量。

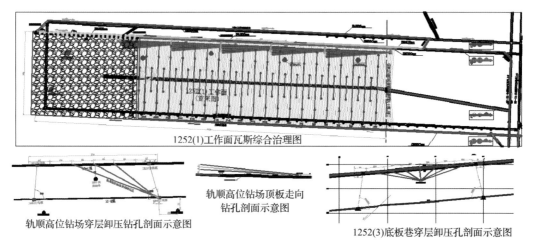

图 4-3　1252(1)工作面瓦斯综合治理图

2)底板巷穿层钻孔抽采 13-1 煤层卸压瓦斯

1252(3)工作面底抽巷法距 13-1 煤底板 25 米,倾向方向上位于 1252(1)工作面正中间,即距 1252(1)轨顺、运顺均为 130 米。1252(3)工作面底抽巷卸压抽采钻孔按 40 米×40 米布置,每组 7 个钻孔,所有穿层钻孔均穿透 13-1 煤。1252(3)工作面底板巷在工作面回采之前进行封闭,封闭墙压一路 DN600 毫米瓦斯管进行巷道抽采,抽采浓度为 40% 以上,抽采纯量平均为 65 米 ^{3}/分,最大达到 80 米 ^{3}/分[44]。

3)地面钻井抽采上覆采动区 13-1 煤卸压瓦斯

在 1252(1)回采工作面沿倾向回采范围内,自西向东布置 6 口地面钻井。钻孔具体位置:1#井距切眼 102 米,距轨顺 65 米;2#井距 1#井 250 米,距轨顺 63 米;3#井距 2#井 225 米,距轨顺 38 米;4#井距 3#井 243 米,距轨顺 51 米;5#井距 4#井 242 米,距轨顺 34 米;6#井距切眼 48 米,距运顺 79 米。钻井穿过 13-1 煤、11-2 煤,抽采 11-2 煤上临近层 13-1 煤的采动卸压瓦斯。抽采浓度达到 90% 以上,地面钻井累计抽采瓦斯 1100 万米 ^{3},6#井累计抽采瓦斯达到 342 万立方米[44]。

4)充填墙埋管抽采采空区瓦斯

采取充填墙埋管远、近结合的方式抽采采空区瓦斯。具体为:轨顺布置一路 DN400 毫米抽采管路,每隔 30 米在充填墙预埋两路 10 英寸①抽采管,抽采工作面 100 米范围内采空区瓦斯;轨顺底板巷布置一路 DN500 毫米抽

① 1 英寸=2.54 厘米。

采管路，1252(1)工作面共布置四条尾抽巷，1#~3#尾抽巷均埋一路 DN500 毫米瓦斯管路，抽采 200 米以外采空区瓦斯。

5）水力压裂增透技术

潘一矿东井在 1232(1)工作面运顺底板巷压裂了七次，单孔压入水量 150~200 立方米，起裂压力 28~30 兆帕。压裂后，对 12#钻场四个方向的钻孔的水力压裂效果进行了考察，走向及倾向每 10 米施工一个钻孔，对压裂孔 60 米影响范围进行考察。通过测定煤层含水率、瓦斯含量考察压裂有效影响半径。压裂后，有效影响半径走向、倾向均为 50 米。

选取 1232(1)工作面运顺底板巷第一单元(未压裂)和 1232(1)工作面运顺底板巷第六单元(压裂单元)进行对比分析。

如图 4-4 所示，未压裂单元干管浓度仅为 26.3%，压裂单元在钻孔施工期间单元抽采浓度干管均可达到 65.46%，提升了 2.49 倍，压裂单元的单孔浓度均保持在 85%以上。

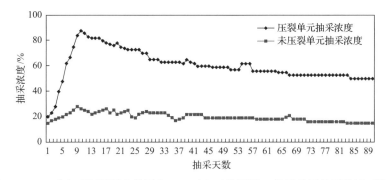

图 4-4　1232(1)工作面第六单元与 1232(1)工作面第一单元单元抽采浓度对比图

如图 4-5 所示，第一单元平均抽采纯量为 0.95 米³/分，百孔抽采量为 0.46 米³/分；第六单元平均抽采纯量为 1.94 米³/分，百孔抽采量为 1.51 米³/分。

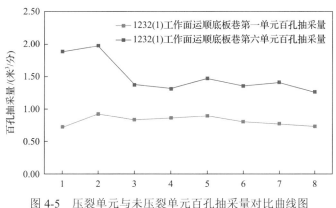

图 4-5　压裂单元与未压裂单元百孔抽采量对比曲线图

未压裂区域第一单元预抽达标时间为 114 天；压裂后第六单元预抽达标时间为 78 天，缩短了 36 天，缩短了 32%。

（三）煤层气抽采效果检测与评价

通过煤与瓦斯协调共采模式，实现了煤炭资源与瓦斯资源的共生共采，同时被保护层瓦斯得到了充分释放和抽采。

（1）经过现场实测，被保护层受到了采动的影响，开始发生膨胀变形，在保护层上覆岩层中的关键层断裂之前，受到的保护效果还未充分体现。当工作面推进到 90 米时，关键层初次跨落，被保护层急剧膨胀。变形孔 2# 的最大变形为 15.26‰，变形孔 1# 的最大变形为 19.13‰[45]。

（2）1252（1）工作面回采后，13-1 煤透气性系数达到 28.47 米^3/（兆帕/天），比原始透气性增大了 277.6 倍。

（3）保护层开采配合抽采钻孔在满足平均抽采率为 76.48% 的条件下可以使被保护层 1252（3）工作面的走向、倾向保护边界与 1252（1）工作面上下顺槽、停采线与开切眼铅垂对应，即上顺槽卸压角为 97 度，下顺槽卸压角为 83 度，走向卸压角为 90 度（煤层倾角为 7 度）。建议在边界区采用密集钻孔对其进行有效的抽采，保证足够的时间，消除边界区的突出危险性，但考虑到切眼向外 15 米处瓦斯压力还处于相对高值，因此在对 1252（1）工作面保护范围外侧进行采掘工作时采取必要的瓦斯治理和防突措施[46]。

二、同忻双系煤层千万吨级矿井设计优化

大同煤田为双系煤田，即侏罗系煤层和石炭-二叠系煤层重叠赋存。由于上覆侏罗系煤层分为多矿井生产，井田内煤炭资源接近枯竭，需对下伏石炭-二叠系煤层开采进行研究。通过对石炭-二叠系煤层储量分析，评估了同忻煤矿千万吨现代化生产矿井设计的可行性，提出了对石炭-二叠系大型煤炭资源进行整体规划和集中开发的思路，突破了上部已有矿井开采的条件限制，形成了完全独立的资源开发体系。对矿井生产和运输系统进行了全面分析，并根据石炭系煤层赋存条件，将大巷均在煤层中沿垂直方向重叠布置，实现了"一柱多用"，减少了煤柱损失，简化了开采系统，为综采工作面高产高效生产创造了良好条件[47]。

（一）同忻井筒设计思路与方案

石炭-二叠系煤层赋存较深，距地表约为 380～500 米。考虑到千万吨产能的运输和提高辅助运输系统效率，设计主运采用皮带运输，辅运采用无轨胶轮车运输。所以，将同忻煤矿主井设计为斜井，副井设计为斜硐，两条井筒平行，斜长分别 4564.0 米和 4665.9 米。主斜井倾角设计为 5 度 8 分，副斜井倾角设计为 1 度 43 分 6 秒（3%）～4 度 34 分（8%），井筒斜长每 800 米（8%）设一段 100 米（3%）的缓坡段。主斜井井底位于 8 号煤层底板 17 米处，在首采盘区北一和北二盘区交界处，3～5 号煤层和 8 号煤层通过煤仓进入主斜井，一水平副斜井井底高程为+789.58 米[47]。

根据井田内大巷布置方式，将同忻井田以大巷和断层为界划分为六个盘区，其中一水平和二水平分别有三个盘区，即一水平和二水平的北一盘区、北二盘区、北三盘区。北一盘区为单翼盘区，北二盘区和北三盘区为双翼盘区。依据同忻井田煤炭资源赋存特点和上覆侏罗系矿井生产的实际情况，将矿井一水平和二水平的北一盘区大巷基本上沿走向布置；一水平和二水平的北二、北三盘区大巷基本上沿倾斜布置。这种布置不仅考虑了位于投产的北一和北二盘区上部侏罗系生产矿井的大巷位置和报废时间，而且又能够确保北一、北二、北三主要盘区工作面连续推进长度达 3300～4600 米[47]。

同忻矿井北一盘区位于 1070 大巷北侧，南北长平均为 6.7 千米，东西宽平均为 4.0 千米，面积约 26.8 平方千米。同忻矿井采用集中大巷条带布置方式，北一盘区直接利用三条 1070 大巷作为盘区巷道。三条 1070 大巷原则上沿 3～5 号煤层底板分段给坡度掘进。同忻矿开拓系统布置如图 4-6 所示。矿井达产时，在北一盘区投产一个综放工作面和一个连掘工作面，年产量 1000 万吨；在北二盘区投产一个掘进工作面，年产量 100 万吨，合计达到矿井设计生产能力 1100 万吨/年[47]。

（二）千万吨矿井开采系统优化设计

1. 准备系统设计

为了提高矿井生产效率，减少生产环节，采用开拓大巷布置在煤层中、大巷直接与回采巷道相连的方式，简化了传统的盘区石门、盘区煤仓等生产

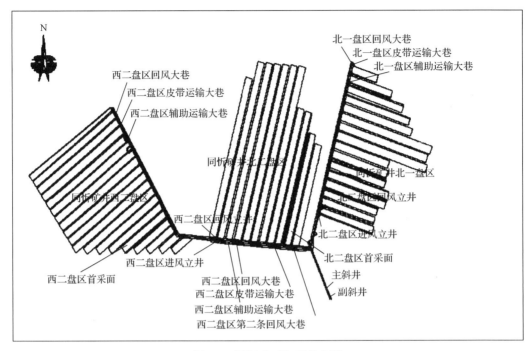

图 4-6　同忻矿开拓系统布置

环节，提高了主运和辅运的效率。同忻矿北一盘区内布置了一个综采放顶煤工作面，初期主要开采 3～5 号煤层，考虑到盘区内煤层倾角较小，一般为3 度～10 度，根据盘区形状和浅部侏罗系矿井水平大巷的位置，工作面回采巷道大致沿垂直于盘区大巷的位置布置。由于盘区大巷布置在盘区西侧，盘区内工作面进行单翼开采。工作面运输顺槽直接与带式输送机大巷连接，辅助进风顺槽和回风顺槽通过联络巷分别与盘区辅助运输大巷、回风大巷连通，形成完整的采区开采系统。

北二盘区南北长平均 4.8 千米，东西宽平均 3.8 千米，面积约 18.2 平方千米。盘区地面有三处村庄需要留设煤柱，均处于盘区边界，对开采布置影响不大。盘区内布置一个大采高综采工作面，初期主要开采 3～5 号煤层。考虑到盘区内煤层倾角为 3 度～10 度，设计确定直接利用 3～5 号煤层北二盘区大巷进行回采。根据盘区形状，大致沿垂直于盘区大巷的方位布置回采巷道。由于盘区大巷布置在盘区南侧，盘区内工作面进行单翼开采。采区内开采系统与支护等与北一盘区相似。

2. 回采系统设计

8100 工作面位于 3～5 号煤层北一盘区，西以北一盘区三条盘区大巷保护煤柱为界，北以 8101 工作面顺槽煤柱为界。8100 工作面平均埋深 447.5 米，倾斜长度 193 米，可采走向长度 1406 米。工作面开切眼位于工作面南东部，由东南向西北方向推进。工作面巷道布置如图 4-7 所示。工作面煤厚 3.77～23.5 米，平均为 15.3 米，倾角为 2 度～3 度。工作面采用一次采全厚放顶煤综合机械化开采，采高 3.9 米，放煤厚度为 11.4 米，采放比约为 1：2.9，日推进度 6.4 米[47]。

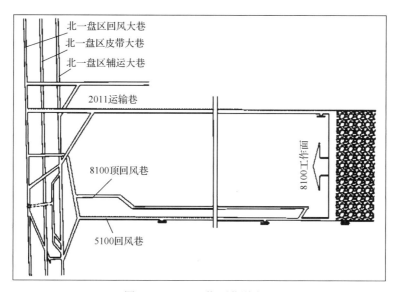

图 4-7　8100 工作面巷道布置

(三)千万吨矿井运输系统优化设计

1. 主斜井运输系统设计

结合同忻矿煤层开采技术条件及巷道布置特点,井下煤炭运输选择带式输送机运输方式。同忻矿研发了 DTL180 大运量高带速强力带式输送机,与机头及中间共同驱动组成的运输系统技术方案。主斜井带式输送机每月输送原煤 100 万～110 万吨。一年多的现场使用证明,该输送机总体性能参数和功能指标均达到设计要求,能满足现场生产使用要求[47]。

2. 辅助运输方式优化设计

考虑矿井煤层厚、倾角缓、大巷沿煤层布置的特点,设计采用无轨胶轮车辅助运输方式。无轨胶轮车辅助运输效率高,为矿井大型化创造了条件,降低了辅助运输成本，在同忻矿的生产实践中取得了比较好的成效[47]。

三、黄陵智能化无人工作面开采案例

(一)工作面基本情况

黄陵矿业集团有限责任公司八盘区钻孔揭露煤层厚度 1.8～2.8 米，平均 2.5 米；煤层顶板伪顶多为泥岩，厚度为 0.1～0.5 米，随回采冒落；直接顶为泥岩和粉砂岩互层，为中等冒落顶板；底板为泥岩，遇水底鼓严重[48]。

(二)工作面设备配套

(1)液压支架。根据煤层赋存条件和顶板控制要求，确定液压支架型号为 ZY7800/17/32D，通过支架围岩智能耦合电液控制系统实现了支架初撑力自动补偿、平衡千斤顶自动调节和跟机自动化等智能化自适应调整和动作功能[48]。

(2)采煤机。根据生产能力和煤层赋存条件的要求，经理论计算选用 MG620/1660－WD 型大功率采煤机，采煤机具备可配置复杂工艺程序的记忆截割功能，以满足不同工作面的采煤工艺要求；自动控制具有高精度，行走位置检测分辨力不大于 10 毫米，典型位置控制精度优于±50 毫米，记忆截割典型采高重复误差仅为±25 毫米的优点；具有线性插值、采高精度与牵引速度的自适应调节与预期控制等功能[48]。

(3)工作面运输系统。根据采煤机最大割煤能力和工作面参数确定刮板输送机型号为 SGZ1000/2×855，驱动方式为"高压变频器+变频电机+摩擦限矩器+行星减速器"，采用平行布置、交叉侧卸方式；转载机为 SZZ1000/525 型，配备 MY1200 转载机自移系统；破碎机为 PLM3000 型，通过 DY1200 自移机尾与带式输送机搭接[48]。

(三)智能化综采关键技术

根据八盘区综采工作面的生产工艺要求和工作面环境状况，确定该工作面自动化集中监控系统包括视频监视系统、电液控制系统、采煤机控制系统等 12 个系统，系统结构组成如图 4-8 所示[48]。

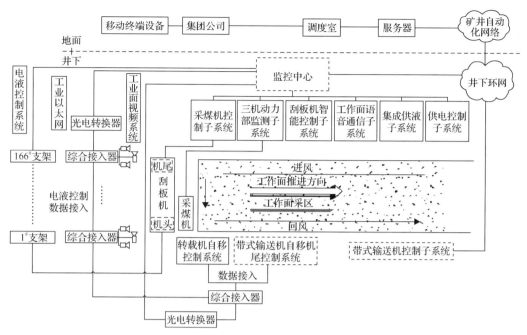

图 4-8 八盘区综采自动化集中监控系统组成结构图

智能化无人综采技术是指采用配备了具有感知能力、记忆能力、学习能力和决策能力的液压支架、采煤机、刮板输送机等综采装备，以自动化控制系统为枢纽，以可视化远程监控为手段，实现综采工作面采煤全过程"无人跟机作业，有人安全巡视"的安全高效开采技术。这是在信息化与工业化深度融合基础上煤炭开采技术的深刻变革，构建了煤矿创新发展、安全发展、可持续发展的精准开采技术体系[48]。

智能化无人综采技术以无人跟机作业为目标，其主要技术难点在于需要引进远程遥控技术，这是集自动化、检测、视频、通信、控制、计算机等多种技术的综合应用，具有以下六项关键技术。

(1)液压支架全工作面跟机自动化与远程人工干预技术。在液压支架电液控制系统实现全工作面跟机自动化的基础上，依据电液控制系统的数据与液压支架视频相结合，通过监控中心远程操作台对液压支架进行人工干预，以满足复杂环境下液压支架的自动化控制。其中，自动跟机技术是指综采工作面液压支架以采煤机位置及运行方向为根据，在电液控技术的基础上，跟随采煤机完成工作面自动移架、自动推刮板输送机、自动喷雾、三机联动等成组或单架控制功能。液压支架自动跟机示意及远程干预控制界面如图 4-9 所示[48]。

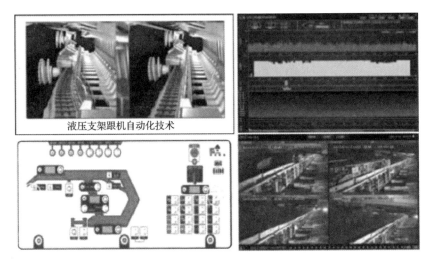

图 4-9   液压支架自动跟机示意及远程干预控制界面

（2）采煤机全工作面记忆截割与远程人工干预技术。在采煤机实现全工作面记忆截割的基础上，依据采煤机实时数据与煤壁视频相结合，通过监控中心远程操作台对采煤机进行人工干预，以满足复杂环境下采煤机的自动化控制[48]。其中，记忆截割技术是指在满足地质条件的自动化工艺的基础上，以采煤机学习示范刀运行参数为依据，以具有在线学习、修改参数功能的采煤机自动化控制系统为核心，完成综采工作面全工序自动化割煤的采煤机控制技术。采煤机全工作面记忆截割示意及远程干预控制界面如图 4-10 所示。

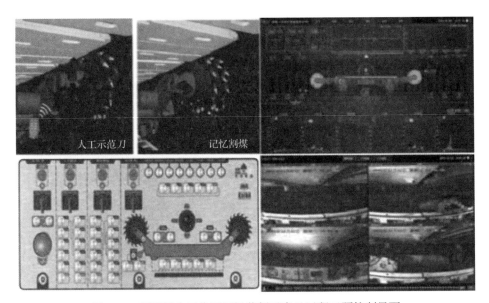

图 4-10   采煤机全工作面记忆截割示意及远程干预控制界面

(3)工作面视频监控技术。根据工作面的实际情况，设计安装视频监控系统(图 4-11)，实现在井下监控中心和地面指挥控制中心对整个综采工作面的视频监控。煤壁监控摄像仪采集的视频实时上传至监控中心，提高了煤岩界面的可视化程度；并由红外线传感器获得采煤机位置，通过软件处理实现摄像仪跟随采煤机无缝切换。

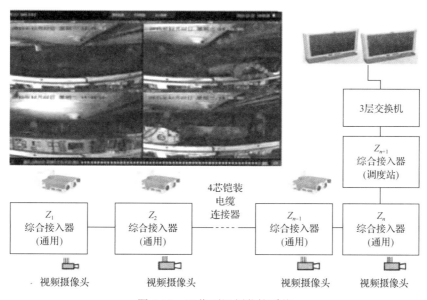

图 4-11　工作面视频监控系统

(4)综采自动化集中控制技术。构建了一套高效、便捷的集成控制系统(图 4-12)，实现了对综采工作面主要设备单机控制系统的有机整合(包括采煤机、液压支架、运输设备、供电设备、供液设备等)，并通过合理的工艺编排，实现了在井下巷道监控中心和地面指挥控制中心的集中控制和"一键启停"。

(5)智能化集成供液控制技术。对远程配液站、乳化液泵站、喷雾泵站等设备控制系统进行集成，形成了统一调配运行的智能化集成供液控制系统，提高了供液系统自动化水平及运行效率，降低了系统损耗及能源消耗[48]。

(6)超前支护自动控制技术。研制了具有多个伸缩单元的交错迈步式电液控超前支架，在电液控制系统和视频监控的基础上，开发了以"数据+视频+模型"为技术支撑的远程控制系统，实现了对超前支架的远程监控和自动化控制。

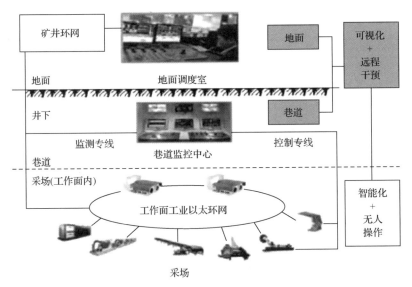

图 4-12　综采自动化集成控制系统

(四) 智能化综采成效

黄陵矿业集团有限公司依据采煤工艺要求和各综机装备之间的逻辑控制关系，通过远程操作平台，以采煤机记忆截割、液压支架自动跟机移架及可视化远程监控为基础，以具有感知和层级控制的自动化控制系统为核心，建立了工作面内、工作面巷道集控中心、地面综合调度中心三层控制系统架构，确保了工作面割煤、移架、推溜、运输等流程的智能化运行，达到了工作面安全、高效、连续、稳定开采。工作面由设计前的九人联合作业减少为一人跟机巡检，实现了工作面"无人操作、有人巡视"，创造了单班连续推进 8 刀半的最高纪录，月产量达 17 万吨，具备年产 200 万吨的生产能力[48]。

该工作面成功完成了国产综采装备智能化精准开采技术的应用，实现了国产成套装备地面远程操控采煤常态化作业，减少了采掘作业场所用工数量，减少了危险场所的人员暴露概率，极大地提升了矿井安全生产水平[12]。但在实施远程控制无人化开采过程中，也反映出智能化精准开采对地质、煤层条件有较高要求。例如，存在当煤层赋存条件发生变化或个别单机装备发生异常时需要人工干预调整，端头超前支护和设备维护还需要较多人工作业等问题[48]。

四、大柳塔煤矿全断面高效快速掘进案例

(一)工作面基本情况

大柳塔煤矿掘进区域为 52#煤的三盘区和五盘区,煤层厚度为 7.15～7.55 米,平均为 7.35 米,为稳定煤层,煤层结构相对简单。煤层直接顶厚 0～2.8 米,以泥岩为主,直接底以粉砂岩、泥岩为主[49]。全断面高效快速掘进系统适用于顶、底板较稳定的中厚煤层,一般要求煤层倾角小于 3 度。可掘进的断面宽度为 5.4～6.0 米,高度为 3.5～4.5 米[49]。

(二)巷道支护参数设计及工艺

巷道断面。根据 7 米大采高工作面巷道掘进要求,确定巷道掘进断面尺寸为宽×高=6.0 米×4.2 米。

巷道支护设计。顶板采用"圆钢锚杆+冷拔丝网片+锚索"联合支护。锚杆间排距为 1.0 米×1.2 米,每排支护六根锚杆;锚索间排距为 2.5 米×3 米,每排三根锚杆。巷道正帮采用"玻璃钢锚杆+塑料网"支护,锚杆间排距为 1.2 米×1.2 米,每排支护四根锚杆;巷道负帮采用"圆钢锚杆+金属网"支护,锚杆间排距为 1.2 米×1.2 米,每排支护四根锚杆[49]。

为加快掘进速度,可在顶、帮稳定的情况下采用分次支护:①一次支护(五人完成),支护作业由配套设备中的十臂锚杆机完成"顶帮 10 套锚杆+网片"的支护,锚杆机前端设四根钻臂完成顶板六套锚杆的支护,两个帮钻臂完成两帮各两套锚杆的支护;②二次支护(两人完成),由两臂锚杆锚索钻机完成两帮剩余各两套锚杆的支护;③三次支护,由两臂锚杆锚索钻机完成对巷道顶板的锚索支护[49]。

(三)工作面设备配套

快速掘进系统主要设备包括全断面煤巷快速掘进机、十臂锚杆钻车、破碎转载机、可弯曲胶带机、迈步式自移机尾和自移动力站等。快速掘进系统的设备布置平面图如图 4-13 所示。正常掘进作业时,掘锚机截割下的煤经过破碎转载机破碎后,通过可弯曲胶带机转运到顺槽皮带上,同时十臂锚杆机紧跟掘锚机完成巷道顶、帮的锚杆支护;可弯曲胶带机随着掘锚机掘进,

在破碎转载机牵引下不断前移,从而实现了连续跟机作业;可弯曲胶带机末端通过迈步式自移机尾而自行移动,从而让煤流实现了在可弯曲胶带机与顺槽皮带上的连续运输。以上掘进工序交替进行,最终实现了破、运、装、支等工序的平行作业[50]。

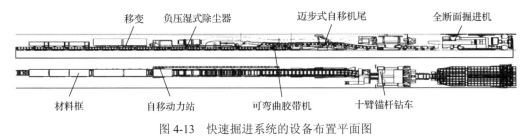

图 4-13　快速掘进系统的设备布置平面图

(四) 全断面高效快速掘进关键技术

1. 智能掘进技术

1) 掘锚机的自动定位和导向技术

掘锚机在进行巷道掘进作业过程中,能够检测自身的位姿并且能够随时调整行走机构,使机身的位置和行进方向与巷道设计参数相匹配。目前,进行自动定位和导向的主要方式有全站仪、陀螺仪、电子罗盘、激光导向仪及视觉测量。目前,光纤陀螺仪技术已成功应用于世界首套高效快速掘进系统的导向中,有效降低了巷道掘偏的情况,提高了掘进的速度和效率,为实现掘锚机的自动定位奠定了基础[51]。

为配合在大柳塔煤矿应用的世界首套全断面高效快速掘进系统,解决掘进中的导向难题,提高连采掘进效率,实现减人提效,可将光纤陀螺仪应用到掘进导向过程中;根据三轴光纤陀螺仪提供的三个欧拉角确定掘进机的实时姿态角。将该惯性器件配合传统激光指向仪使用,可以显著改善巷道掘进质量。应用结果表明,光纤陀螺仪的俯仰角、横滚角精度为 0.05 度,航向角精度为 0.25 度,巷道掘进的实时偏差在 10 厘米以内,有效降低了巷道掘偏的情况,取得了显著的改善效果[52]。

2) 远程遥控掘进技术

为了进一步提高掘进机的安全性,创新性地将掘进机的操作由传统的近距离肉眼观察、手工操作变为远距离视频监控、遥控操作。为了能够实时监控掘进机的运行情况,避免人员在空顶下作业,技术人员在掘进机四周安装了高清摄像头,将采集到的视频信号以无线通信的方式传输到安装在后配套八臂锚杆机上的视频服务器内。在工作过程中,掘进机司机只需坐在八臂锚杆机上,通过视频服务器掌握工作面的情况,然后根据计算机提供的工作面数据远程操作遥控器控制掘进机割煤,不仅有效消除了掘进机司机有可能在空顶下作业的安全隐患及与粉尘的直接接触,而且用"数据"直接指导割煤,提高了割煤的准确性,确保了工程质量[53]。

2. 掘支平行作业

传统的连续采煤机和综掘机掘进都必须经过退机后才可以进行顶帮支护,掘锚机掘进虽然可以实现掘支平行作业,但支护效率较低,支护制约了掘进,大大降低了工作面的掘进效率,而且顶板支护不及时还可能造成顶板事故。快速掘进系统通过一系列改进创新实现了掘支的平行作业[54]。

1)掘支设备配套

在快速掘进系统的设备配套中,十臂锚杆机跟在掘锚机后方,骑跨在可弯曲胶带机上,掘锚机前移后,十臂锚杆钻车紧跟着进行顶帮支护,从而实现了掘支的平行作业。十臂锚杆机如图 4-14 所示,其钻架主要包括前顶锚钻架、后顶锚钻架和侧锚钻架,十臂锚杆机的主要技术参数见表 4-1[54]。

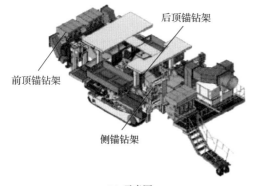

| (a) 示意图 | (b) 实物图 |

图 4-14　十臂锚杆机

表 4-1　十臂锚杆机的主要技术参数

参数名称	参数值
装机功率/千瓦	2×132
机重/吨	63
适应岩层硬度	$f \leqslant 7$
钻臂数量/个	10(6 顶 4 侧)

2）支护作业

支护作业时，十臂锚杆机前端的四个钻臂完成顶板六根锚杆的支护，两个帮钻臂完成两帮上部两根锚杆的支护。锚索支护和两帮下部两根锚杆的支护由两臂锚杆锚索钻机配合完成，相比于四臂锚杆机，十臂锚杆钻车的掘进效率提高了约 1 倍。快速掘进工作面巷道支护断面如图 4-15 所示[54]。

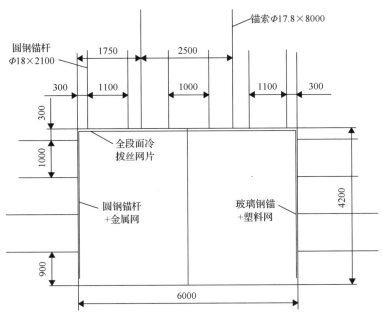

图 4-15　快速掘进工作面巷道支护断面（单位：mm）

3. 煤流连续运输

快速掘进系统同样实现了煤流连续运输，经掘锚机截割后的煤，进入破碎转载机进行破碎，经破碎后落入可弯曲胶带机，可弯曲胶带机上的煤流再转载到下部刚性架与运输巷胶带架组成的胶带上，然后经矿井主运系统运出[54]。

煤流方向为：掘锚机截割下的煤→破碎转载机→可弯曲胶带机→刚性架与胶带架组成的运输巷胶带机→矿井主运系统。

1）连续运输的主要配套设备

破碎转载机。破碎转载机由铲板式料斗、破碎部、刮板运输部、履带式底盘、泵站和胶带机前驱动组成[54]。掘锚机截割下的煤直接进入破碎转载机内进行破碎。破碎转载机如图 4-16 所示，主要技术参数见表 4-2。

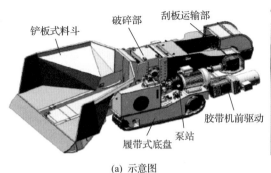

(a) 示意图　　　　　　　　　　　　(b) 实物图

图 4-16　破碎转载机

表 4-2　破碎转载机的主要技术参数

参数名称	参数值
长×宽×高	6800 毫米×3600 毫米×1980 毫米
机重/吨	30
破碎功率/千瓦	55
泵站功率/千瓦	75
破碎粒度/毫米	150～300
运输槽宽/毫米	870
链速/(米/秒)	1.2
运载能力/(吨/小时)	1200
爬坡能力/度	±12
行走速度/(米/分)	0～5
料斗容积/立方米	7

　　可弯曲胶带机。可弯曲胶带机由受料部、弯曲段、过渡段、张紧部和卸料部等组成。可弯曲胶带机与刚性架重叠的一段骑跨在刚性架上，煤流由破碎转载机转载到可弯曲胶带机上，可弯曲胶带机再转载到刚性架胶带机上。可弯曲胶带机具有一定的弯曲能力，提升了胶带机的适应性[54]。可弯曲胶带机组成如图 4-17 所示，主要技术参数见表 4-3。

　　刚性架与普通架组成的胶带机。刚性架与普通架组合形成胶带机，可弯曲胶带机的煤流经过卸料部落在刚性架与普通架的胶带机上，然后进入矿井主运系统。

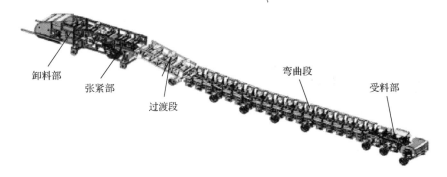

图 4-17　可弯曲胶带机组成

表 4-3　可弯曲胶带机的主要技术参数

参数名称	参数值
运输能力/(吨/小时)	1600
运输距离/米	130
带速/(米/秒)	0~4
驱动滚筒功率/千瓦	3×45
胶带宽度/米	1
张紧行程/毫米	1800
可弯曲半径/米	8

2)胶带机的延伸

迈步式自移机尾是快速掘进系统实现连续运输的关键设备,通过迈步式自移机尾的动作牵引刚性架前移,可弯曲胶带机滑动至刚性架上,刚性架前移后,后部的运输巷胶带机的胶带继续延伸,完成胶带机的延伸[54]。迈步式自移机尾组成如图 4-18 所示。快速掘进系统通过迈步式自移机尾,简化了生产环节,保证了运输的连续性,提高了生产效率。迈步式自移机尾的主要参数见表 4-4。

连续运输系统实现了自移、重叠、弯曲、端卸,提高了运输效率。

4. 长压短抽通风方式

针对快速掘进工作面存在的粉尘问题,为了降低粉尘浓度,采用了"长压短抽"的通风方式,即除了一台压入式局部通风机保证了工作面正常供风,另外安装一台抽出式湿式除尘风机来抽出掘进工作面产生的大量粉尘,从而达到降低工作面粉尘浓度的目的。改进后的"长压短抽"通风除尘系统如图 4-19 所示[54]。

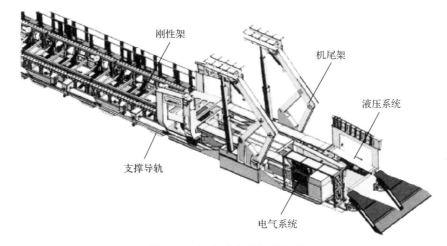

图 4-18　迈步式自移机尾组成

表 4-4　迈步式自移机尾的主要参数

参数名称	参数值
胶带宽度/米	1
运输能力/(吨/小时)	1200
泵站功率/千瓦	55
总长度/米	170
移动步距/米	2

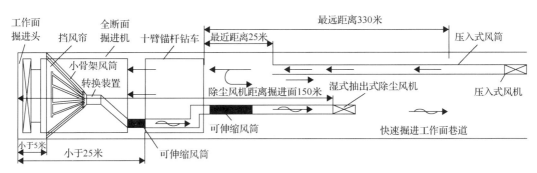

图 4-19　改进后的"长压短抽"通风除尘系统

　　为了进一步提高除尘效果,在全断面通风机上设置了风筒转换装置,该装置将直径 800 毫米的抽出式风筒转换为八个直径为 300 毫米的小风筒,八个吸风口平均分布在全断面掘进机与煤壁间的断面空间中,同时在全断面掘进机两侧和顶部设置挡风帘,挡风帘将粉尘固定在机身与煤壁的固定空间内,从而进一步提高了粉尘的抽出效果。通过优化,锚杆钻车处作业区域的全尘浓度由 98.4 毫克/米^3 降低到了 10.3 毫克/米^3，呼尘由 10.2 毫克/米^3 降低到了 1.1 毫克/米^3[54]。

(五) 全断面高效快速掘进成效

全断面高效快速掘进系统借鉴了地铁施工的盾构技术，掘进、打锚、支护等多项工作同步进行，使煤炭采掘巷道断面可一次成型。使用该设备每分钟可掘进巷道 0.3 米，运输煤炭能力突破 1500 吨/小时，掘进断面达到 25 平方米；可实现 50 米无线遥控，日进尺 150 米、月进尺 4000 米以上，成巷速度提高了一倍以上，员工单产效率提高了 2～3 倍，人员减少了 1/3[55]。

"全断面高效快速掘进系统"把过去分步实施的煤炭采掘、运输、除尘等多道工序整合到了同一设备上同时进行，实现了掘锚平行作业、多臂同时支护、连续破碎运输和智能远程操控的高效一体化作业，实现了巷道一次成型、掘支运同步、连续作业、遥控操作，为井下掘进施工向着更加高效、安全和健康的方向发展提供了技术保障[55]。

"全断面高效快速掘进系统"实现了生产高效集约化、掘进机前方无人化，杜绝了空顶作业，减少了用工数量及人员分散暴露在危险场所的概率，在提高掘进生产工效的同时，保证了工人作业环境的安全，从根本上降低了掘进生产过程中的危险系数[54]。

五、沙尔湖露天矿半连续开采装备智能化控制案例

(一) 工作面基本情况

沙尔湖东一区露天煤矿位于吐哈盆地沙尔湖拗陷南部残丘台地区，海拔一般为 400～600 米，相对高差一般小于 50 米。地势南高北低，西高东低。煤田含煤层数多、厚度大(8 煤组顶板以上 100～400 米，平均 255 米)、开采深度大(首采区深度为 460 米)、倾角大(一般为 9 度)、含煤系数高，连续性好。特别是发育最好的 8-6 煤、8-7 煤，可采总厚度达到 5.56～207.81 米，平均厚度为 71.19 米。地层岩石抗压强度为 10 兆帕$<R_c<$20 兆帕，且部分大于 20 兆帕的硬岩分布不详。最高气温为 46 摄氏度，最低气温为 –21 摄氏度，是典型的大陆性干旱气候。3～9 月以东北风为主，风速可达 26 米/秒，平均定时风速为 14.4 米/秒[56]。

(二)半连续开采装备智能化开采的关键技术

在世界范围内,大型露天煤矿最为先进的开采工艺是以自移式破碎站为核心的半连续开采工艺,通过单斗挖掘机-自移式破碎站-转载机-移置式胶带运输机等设备的配套协作建立的开采作业线相对于传统的"单斗-卡车"作业模式,开采成本压缩了3成、效率成倍提升且更为环保。这一开采工艺已经在国内外多数大型露天煤炭开采中得到应用[57]。千万吨级露天煤矿半连续开采成套装备主要是以自移式破碎站为核心辅助,由单斗挖掘机、转载机、带式输送机所组成的开采作业线。在露天煤矿的开采过程中,单斗挖掘机完成煤炭的采掘作业后,将原煤输送至自移式破碎站,自移式破碎站将原煤破碎后,由排料输送装置经转载机输送至带式运输机上,实现原煤的开采、输送。

1. 千万吨级露天煤矿半连续开采成套装备自动对接智能控制

自移式破碎站半连续开采系统由单斗挖掘机、自移式破碎站、转载机、带式输送机等部分组成。工作过程中随着采矿作业的进行需要频繁变动各个设备的工作工位。由于破碎站重量达上千吨且体积庞大,70多米长的转载机需要在起伏路面上两端对接破碎站和受料车,加上受到风力和负载扰动及煤粉干扰,对接难度很大[57]。千万吨级露天煤矿半连续开采成套装备具备多台大型装备智能、快速、准确、自动对接功能,能够大幅度提高对接效率,有效克服如下缺点:第一,生产效率低。以克虏伯为例,其在电铲需要在工作面小范围移动时,自移式破碎站和自移转载机需要人工微调,主要由短距离履带直行和臂架回转来完成,每次对接需要15~20分钟,每小时需要对接一次(小对接);在采掘面两端需要调转方向及移设后重新对接时,履带要大范围转弯、调整及臂架大幅度回转、俯仰,需要6~8个小时(大对接)。这样,仅对接时间就占总工作时间的25%以上。第二,对设备安全有影响。由于露天矿粉尘较大,对接时经常发生电铲与料斗、破碎站与转载机的碰撞,对设备的安全造成影响。第三,夜间无法作业。由于操作者的夜视能力限制,人工对接在夜间难以进行,装备不能在夜间工作。

做好多台大型装备智能快速对接的智能研究能极大地提高对接的效率,缩短对接时间、提高设备对接的安全性。同时,自动对接还能够解决夜间及能见度较差条件下的对接难题。在自动对接智能控制的实现上，采用的是结构创新与智能对接控制技术相结合的方式。结构创新是通过在自移式破碎站和转载机上附加一个回转自由度，实现微摆回转动作；智能对接控制技术是通过加装于自移式破碎站和转载机上的 GPS 和 UWB 元件对自移式破碎站和转载机的位置进行定位以实现对自移式破碎站和转载机自动对接的控制[57]。UWB 位置信息测定方法如图 4-20 所示。

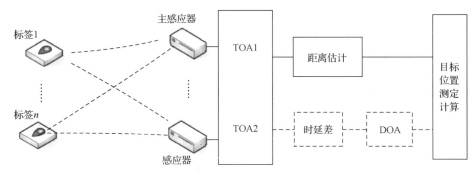

图 4-20　UWB 位置信息测定方法

2. 自移式破碎站的姿态感知和姿态自动调整[57]

自移式破碎站体积庞大，自重高达千吨，在移动过程中受制于作业现场复杂的地面情况，经常处于倾斜工况下，加之其作业时有转弯运动、爬坡等情况，致使其存在着倾覆的危险。尤其是在侧面、斜面工作面作业时，露天矿现场高达 30 米/秒及以上的风速将极大地增加自移式破碎站倾覆的风险。自移式破碎站通过姿态感知进行自动调整，将有助于保证自移式破碎站的稳定性。通过在自移式破碎站上加装水平、竖直位置传感器用以对自移式破碎站作业时的倾斜情况进行监测，同时加装于其上的风速传感器能够对自移式破碎站作业时现场的风速情况进行检测，并通过计算对自移式破碎站的倾覆风险进行估算，并根据所反馈的水平、竖直状态和风速情况对自移式破碎站的姿态进行调整(通过上部机身的旋转和排料臂的调整)，用以调整自移式破碎站的重心，同时对自移式破碎站作业时的危险姿态、高危姿态进行监测控制，保障自移式破碎站安全、高效的运行。

3. 自移式破碎站和转载机履带智能调速及动力匹配[57]

自移式破碎站和转载机在作业过程中依靠两条履带的速度差进行转弯。现今，国内外大型自移式破碎站和转载机履带调速采用的都是人工操作的方式，难以最大限度地实现动力的匹配，致使履带调速与动力匹配无法在最佳效果下进行。千万吨级露天煤矿半连续开采成套装备的行进速度较低，针对履带三种典型的转弯情况，可以采用智能控制方法进行调速及动力匹配，达到提高效率、降低能耗的目的。在自移式破碎站和转载机履带智能调速及动力匹配上对自移式破碎站和转载机履带运行情况进行研究，采用智能算法对电机转速进行调整和匹配，采用最小的功耗和滑移量来完成转弯作业，提高自移式破碎站和转载机运动的稳定性并降低能耗。

4. 构建先进的自动化控制系统[57]

在千万吨级露天煤矿半连续开采系统的自动化控制上以 S7-400 为控制核心，并在现场搭建以工业以太网为基础的监控、控制网络，完成对千万吨级露天煤矿半连续开采装备的监控、控制。

(三)半连续开采装备智能化开采成效

采用自动准确对接技术，可以大幅节省对接时间，将总工作效率提高20%以上；而且装备可以在夜间工作。仅按提高工作效率 20%计算，年产1000 万吨煤的生产线可以多采 200 万吨煤，按每吨煤增加收益 50 元计算，可增收 1 亿元人民币以上；开发出装备重要工作参数的自动测量及感知技术，并实现成套装备工作状态的开放互联，完成成套装备的信息整合与深度挖掘，使大型装备智慧化，从而提高企业装备制造水平、应用水平和管理水平，解决安全生产、培训等设备的管、用、养、护等问题。

半连续开采装备智能化开采通过自动测量及感知技术，减少了人为操作环节，大幅降低了事故风险，同时提高了生产效率，在同等产能的情况下，减少了作业时间和用工数量，为进一步实现煤矿安全生产奠定了基础。

第二节　国外先进煤矿安全生产工程科技特征分析

我国煤炭资源赋存特点决定了我国煤炭开采以井工开采为主。国外煤矿以露天开采为主，涉及井工开采的煤矿数量较少，目前井工煤矿主要集中在波兰、美国等地。美国部分煤矿采用较为先进的井工开采技术工艺，为此，本节针对美国长壁工作面自动化开采案例进行分析。

一、美国长壁开采现状

美国长壁工作面开采技术起源于 20 世纪 50 年代,当时美国从联邦德国引进了刨煤机和节式支架等设备,并在西弗吉尼亚州南部 Stotesbury 煤矿的薄煤层中布置了第一个长壁工作面。20 世纪 70 年代中期,随着长壁工作面采煤机和掩护式液压支架支护技术从联邦德国和英国的大量引进,美国真正意义上的第一个现代化长壁工作面在固本能源(集团)公司的一个下属煤矿正式投入生产,既有效保证了工作面回采过程中的人身安全,产量相对传统的房柱式开采也有了明显提高。因此,长壁工作面开采工艺才真正被推广起来[58]。

1. 长壁工作面开采现状[58]

美国长壁工作面的数量随着时间的增长呈递减并趋于稳定的状态。图 4-21 反映的是 1976~2016 年以来美国长壁工作面数量及平均年产量的变化规律。由图 4-21 可以看出,美国长壁工作面数量在 1982 年达到最高值118 个,此后呈逐渐下降趋势。2002~2016 年,长壁工作面数量变化幅度明显变小,呈现动态稳定的状态,2016 年长壁工作面数量为 43 个。

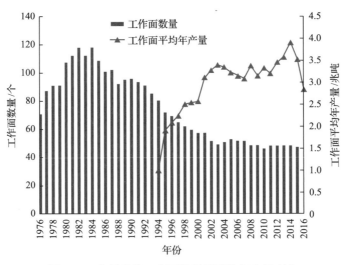

图 4-21　美国长壁工作面数量及平均年产量变化

整体来看,虽然工作面数量不断减少,但工作面平均年产量随着年份的增加逐年增加;2001 年以后,工作面数量趋于稳定,工作面平均年产量也趋于稳定,单个工作面商品煤平均年产量为 332 万吨(商品煤产率约为原煤的 30%~70%，平均为 60%，下面各项数据都以商品煤为计算标准），说明了 2001 年以后长壁工作面的开采技术和装备已经趋于成熟、稳定。

　　同时由图 4-22 可以看出，随着长壁工作面开采技术及装备的不断进步，年度总产量呈现出先增加再趋于稳定的趋势（2008~2016 年，由于奥巴马政府的能源政策对煤炭开采的不利影响，其长壁工作面总产量整体上略有降低）。2001 年以后，虽然长壁工作面数量减少了，但年度总产量反而增加了，例如，1994 年 80 个长壁工作面的商品煤总产量是 7990 万吨，2001 年 57 个长壁工作面的商品煤总产量却为 17710 万吨，2001 年以后，全美长壁工作面年平均总产量为 16300 万吨，每年长壁工作面的年产量围绕该值呈现上下浮动的动态平衡变化。

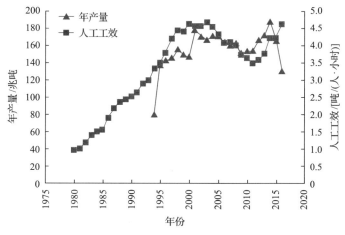

图 4-22　全美长壁工作面年产量及人工工效变化

　　而从人工效率角度来看，早期采用长壁综采工艺时，工作面数量多，但人工效率较为低下。随着综采技术的不断完善，1997~2007 年，人工效率逐渐提高并趋于稳定，平均为 4.40 吨/（人·小时），每年人工效率围绕该值呈上下浮动的动态变化状态，其中 2003 年的人工效率最大，为 4.66 吨/（人·小时）。2008~2016 年，由于奥巴马政府的能源政策对煤炭开采的不利影响，其人工工效处于一个较低水平，最低时为 3.48 吨/（人·小时）。需要说明的是，美国的人工工效中的人数包含了井下和地面的全矿井所有员工。

　　通过以上分析可知，全美的长壁工作面数量在 2001 年后进入基本稳定状态，工作面平均产量也基本稳定，工作面总产量随工作面数量变化而呈动态变化趋势，人工工效也有类似的变化规律，说明从 2001 年至今，美国长壁工作面的开采技术水平进入了一个长时间相对稳定的阶段,没有出现明显提高矿井产能的长壁综采技术或者装备使得工作面年产量进一步大幅度提高。

2. 长壁工作面安全现状[1]

美国地下井工开采和长壁工作面开采的商品煤百万吨死亡率如图 4-23 所示。由图 4-23 可知,2008 年以来,长壁工作面开采年产量约占地下井工开采的 50%,且随着年份的增加所占比例也增加。长壁工作面每年死亡 2 人左右,百万吨死亡率一般为 0.01,该死亡人数包括长壁开采引起地表沉陷造成的机动车辆施工的人员伤亡等。可以看出,长壁工作面的安全保障技术已经基本稳定,能够满足相关规定的要求。同时注意到图 4-23 中 2010 年的长壁工作面百万吨死亡率为 0.189,主要是该年在西弗吉尼亚州的 Upper Big Mine-South 煤矿的长壁工作面发生了瓦斯爆炸灾害,造成井下共死亡 29 人,其中工作面死亡 6 人,这也是美国自 20 世纪 70 年代起 40 多年来最大的煤矿灾害。

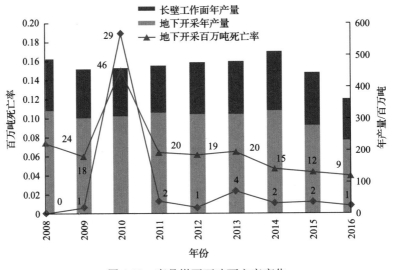

图 4-23　商品煤百万吨死亡率变化

3. 长壁工作面环保制度变化[1]

采用长壁工作面开采过程中会在开采区域产生大量的煤尘,煤矿日常的煤尘浓度对人身健康伤害极大,可以引发尘肺病等;而当浓度达到 30～40 克/米^3 时,可能会引发煤尘爆炸灾害。在 2016 年之前,美国《联邦矿山安全与健康法》(1977 年)规定矿工接触的煤尘浓度不大于 2 毫克/米^3,2016

年 2 月相关法律进一步规定其煤尘浓度不应大于 1.5 毫克/米³。

2016 年之前，为了达到要求，美国长壁工作面在降尘方面通常采用以下方式：①通风控制，风速控制在 2.032～3.048 米/秒，风量至少为 10 倍产煤量(吨/班)；②采煤机滚筒每个截齿配置一个喷嘴，水压达到 1.035 兆帕；③采煤机机身清洁系统，水压为 1.379 兆帕；④破碎机/转载机封闭煤尘，其喷嘴水压为 0.55 兆帕。除此之外，还采用了配套的风帘、净化水幕等常规装置。

2016 年之后，由于工作面煤尘含量标准进一步严格，少数矿井开始采用远程控制采煤机割煤的方法，使处于下风侧的采煤机司机进入回采巷道中的远程控制室，这样就避免了下风侧工人呼吸煤尘含量超标。

4. 长壁工作面开采尺寸参数[1]

美国煤层绝大部分为中厚煤层，煤层平均厚度为 2.37 米左右，为了实现一井一面安全高效的目标，工作面布置参数通常表现出采高小、工作面宽度大、推进距离长的特点。图 4-24 为 2016 年美国长壁工作面开采参数分布

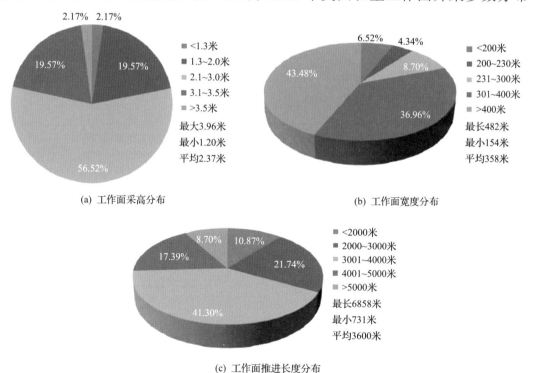

(a) 工作面采高分布

(b) 工作面宽度分布

(c) 工作面推进长度分布

图 4-24　2016 年美国长壁工作面开采参数分布

情况。从图 4-24 中可以看出，工作面采高在 1.3～3.5 米（中厚煤层）占 95.66%，其中采高在 2.0～3.0 米的占 56.52%；工作面宽度在 300 米以上的共占 80.44%，工作面宽度在 400 米以上的占 43.48%；推进长度在 3000 米以上的共占 67.39%。工作面的开采参数从 20 世纪 90 年代末期至今没有大的改变，基本稳定。

二、Tunnel Ridge 煤矿综采工作面案例分析

1. 工作面概况[1]

Tunnel Ridge 煤矿位于美国西弗吉尼亚州（Ohio 县内），主采 Pittsburgh 8 号煤，煤层倾角为 0 度～2 度，埋深为 152 米。目前回采工作面为 12 工作面，该工作面斜长为 378 米，推进长度为 4500 米，采高为 1.98～2.34 米，平均为 2.2 米，如图 4-25 所示。

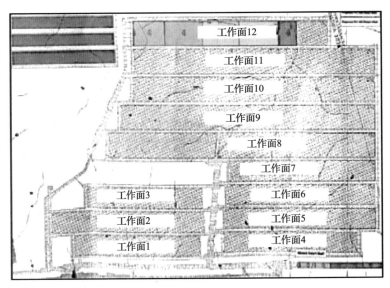

图 4-25　Tunnel Ridge 煤矿工作面布置

煤层中间含有两层夹矸，煤层直接顶板为页岩。工作面共有 211 架掩护式液压支架，采用采煤机引导支架自主移动的方式控制支架自动跟机移动。

2. 工作面自动化生产关键技术[1]

1）工作面"三机"配套装备

Tunnel Ridge 长壁工作面采用 JOY 7LS1-A 型采煤机，配备了 JOY 自动化采煤机系统（ASA），可以自动记录顶底板的位置，以及采煤机在倾向和走

向两个方向的倾角变化等，实现精确切割，如图 4-26 所示。与此同时，采煤机机身配备了八个摄像头和两个照明装置，可以实现远程遥控割煤。

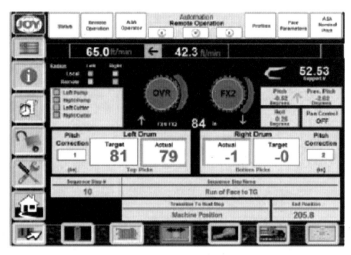

图 4-26　采煤机自动控制系统界面

液压支架宽 1.75 米，额定工作阻力为 9250 千牛，配备了卡特(cat)电液控装置，可以接收到采煤机发射的红外线信号和齿轮串行里程记录，实现了液压支架自动随机移架和成组移架等功能。

刮板运输机为 JOY 和 Longwall Associates 公司联合研制，主要有如下功能：具备刮板输送机的软启动功能；配备了 JOY 的动态链条控制管理系统，能够实时监测设备张力的变化情况，以便及时将张力控制在设定范围，有效延长设备的使用寿命；刮板运输机的两端头各配置了两个摄像头，当采煤机通过机头或机尾时，工人可以通过视频看到采煤机的位置，辅助远程遥控割煤工作。

2) 井下远程控制中心

井下远程控制中心(图 4-27)布置在辅助运输巷道内(该工作面进风侧有三条巷道，此处为中间巷道)，该控制中心具有如下功能：①实时通信功能，既可以通过 IP 通信协议与外界进行通信联系，也可以通过无线电与井下工作面的工人进行联系。②实时监测各设备运行数据及采煤机的运行轨迹、液压支架的随机支护状态、液压泵站等设备的运行状态参数。③远程操作采煤机割煤，通过视频系统可以看到采煤机割煤的实时图像，当采煤机从机头向机尾运行时，将由工人通过控制中心的采煤机遥控器进行割煤操作；当采煤机反向割煤时，则由工人在工作面现场遥控操作。④具有一键启停功能。当工作面出现异常或者设备运行参数出现异常时,可以实现一键停止或者启动工作面全部设备。

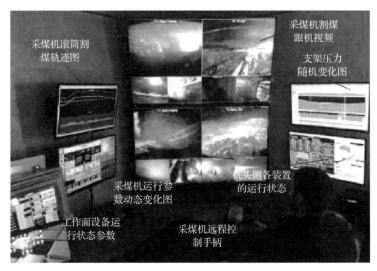

图 4-27　井下远程控制中心

3. 工作面自动化开采成效[1]

1)工作面产量

目前矿井采用一井一面的生产模式,自采用遥控自动化设备后,矿井实现了安全高效生产,2016 年商品煤生产能力达到 644 万吨,原煤生产能力达到 1288 万吨,全年没有发生人员伤亡事故。

2)人员对比

在实行远程控制自动化开采之前,工作面的人数为 9 人,包括 2 名采煤机司机、3 名支架工、1 名机头操作工、2 名机电工、1 名班长。实行远程控制自动化开采后,工作面的人数为 8 人,减少了 1 名支架工,其余人数没有实质性变化,只不过采煤机司机变为工作面和远程控制中心各 1 人,保证了职工生产环境中呼吸性煤尘含量符合新的环保标准。

三、国外废弃煤矿灾害防治和再利用分析

美国、加拿大、澳大利亚和英国等国家对废弃矿山的管理较为系统。矿山管理法规体系较为完善,体制机制较为健全;系统地开展过废弃矿山情况摸底,已建立或在建立清单,并进行分类管理或治理。政府层面由被动地对废弃矿山的治理管理逐步转变为主动要求未关闭矿山提前做好关闭规划,防

患于未然。首先,要尽可能消除废弃矿山对地表土地、大气、水体、生态环境及人身安全等产生的不利影响;其次,在此基础上为后续其他主体开展相关资源开发利用创造便利条件。

美国废弃矿山数量估计在 500000 座。绝大多数废弃煤矿位于东部地区,并且以中小型为主。60%的废弃煤矿集中在西弗吉尼亚、宾夕法尼亚和肯塔基三个州。根据《露天煤矿控制与土地复垦法案》,废弃矿山必须进行生态恢复,而且经恢复后的生态状况不得比开发前差。

在废弃煤矿灾害防治方面,需要防治地表塌陷和地下水资源保护。美国在匹兹堡煤田设立了 27 个废弃矿井水位观测站和 100 多个水样采集点,利用水位探测仪等工具,采集废弃矿井水位变化和水质数据,对受到污染的废弃矿井水建立有害矿井水处理厂进行处理[59]。

在废弃煤矿再利用方面,1963 年,美国利用 Denver 附近的 Leyden 废弃煤矿(距地表 240～260 米),建成世界上首座废弃煤矿地下储气库,形成 1.4 亿立方米的储气能力。1975 年,比利时在 Anderlues 建成废弃煤矿地下储气库,形成 1.8 亿立方米的储气能力[60]。1982 年,比利时在 Peronnes 建成废弃煤矿地下储气库,形成 1.2 亿立方米的储气能力。此外,形成了废弃煤矿用作区域工业遗产保护、博物馆、矿山地质公园、主题公园等发展模式。

第三节 先进经验借鉴

本节根据国内外先进经验,针对我国煤矿安全生产的现状和新形势、新要求,总结分析可供借鉴的先进经验。

一、煤矿实现高效智能开采

我国煤矿赋存情况多样化,尤其是现在处于"三高一扰动"复杂应力环境的深部煤炭资源。当前,应加强精准勘探、精准防灾、精准开采等一系列的相关技术攻关,如研发控制自动化装备精准运行的传感器、工作面多视频和远程控制技术等,为实现矿井透明化、自动化、智能化开采提供重要支撑,降低矿井安全生产事故风险。

通过机械化、自动化装备强化矿井单产单进,加强矿井集约化生产,布置超长工作面,按照"一井一面"的要求组织生产,减少矿井用工数量,从本质上减少矿井灾害事故的发生概率及其破坏能力,提高矿井的安全生产水平。同时,加强设备的可靠性是实现长壁工作面安全高效的重要保障。绝大多数长壁工作面矿井都是采用一井一面的生产模式,一旦工作面设备出现故障,全矿将立即停产,造成的经济损失将是巨大的。目前大多数长壁工作面采用的都是 JOY、CAT 等大的设备制造商的主流产品,能够保证设备在工作面回采期间不发生影响生产的设备故障[1]。

二、优先布局开发优质煤炭资源

在国外实践中,煤矿开发主要考虑煤炭资源条件,优先开采煤炭资源赋存条件较好、地质条件较为简单、便于设置机械自动化装备的煤炭资源。其工作面多以斜长大、推进距离远为基本特征。该类工作面多布置于近水平煤层、直接顶板稳定性较好、断层构造不发育等场合,可实施机械自动化开采技术,确保工作面安全高效回采整体机械化、自动化程度高,有利于安全生产。例如,Tunnel Ridge 煤矿长壁工作面斜长为 300 米,推进距离为 3000米,使得煤矿产量高、安全水平高[1]。

在国内案例中,煤矿资源开发应结合我国的资源条件,基于绿色资源量的同时,进行协同开采,从而有利于可持续发展。

三、重视煤矿职业病危害防治

美国在《矿产资源卷》中,对煤矿职业安全健康技术和管理等方面提出了全面严格的规定。发达国家十分注重从业人员的职业健康,在煤矿井下,粉尘浓度、温度等方面的限值标准均高于我国,并且针对不同作业地点,都有不同的限值规定[61]。因此,我国应进一步完善保障井下工人安全、健康方面的规章制度,并严格落实相关制度。目前煤矿职业病危害已逐渐成为煤矿安全生产的重要部分。煤矿应当尽可能通过科学技术手段为煤矿工人提供较好的工作环境。

为了达到法律法规的要求,煤矿需要不断改善各种生产条件。例如,Tunnel Ridge 煤矿采用远程控制采煤,其中最重要的原因就是法律规定工人呼吸的煤尘含量不能高于 1.5 毫克/米^3。为达到要求,倒逼煤炭企业采用远程智能化开采技术,实现煤炭资源的精准开采,在采煤机从机头向机尾回采时,由远程控制中心的工人远程操作采煤机,避免采煤机司机在下风侧工作[1]，进一步从职业病防治角度提升煤矿安全生产水平。

四、加强废弃矿井安全综合利用

矿井在废弃后，仍存在诸多的工业设施资源、地下空间资源、地下自然资源及矿山整体文化资源等。可以对废弃矿井的设备、土地、厂房等明面的资产，根据其特点和优势，积极开拓其利用方式，实现资产变现；对矿井原有的巷道、采空区等空间资源和未加以利用的煤炭、天然气资源，积极推动科技创新发展，实现废弃资源安全、高效、绿色、经济开发，使废弃矿井能够得到充分利用，避免资源浪费。

国内外废弃矿井利用均有许多成功的案例。例如，1963 年，美国利用 Denver 附近的 Leyden 废弃煤矿（距地表 240～260 米）建成世界上首座废弃煤矿地下储气库，形成 1.4 亿立方米的储气能力[60]；上海佘山世茂洲际酒店是借助 80 米的矿坑建造了深坑酒店；等等。2018 年底，我国煤矿数量已由"十二五"初期的 1.4 万多处减少到 2018 年的 5800 处左右。预计到 2030 年，废弃矿井数量将达到 1.5 万处。

第五章

未来煤矿安全生产格局研判

第一节　未来煤炭需求预测

中国石油勘探开发研究院发布的《2050年世界与中国能源展望》(2018版)对基准情景、强化政策情景进行了设定，并提出了一次能源，即煤炭、石油、天然气在2020~2050年的消费需求。

一、基准情景设定及能源消费需求

基准情景下，我国将在2035年基本实现社会主义现代化，2050年建成社会主义现代化强国。在"普遍二孩"等政策的实施及人口寿命稳步增长的带动下，我国人口在2030年前还将有一定的上升空间，但增幅不大。未来驱动我国经济增长的核心要素将逐步从劳动力和投资转向全要素生产率的提高。产业结构也将更加优化、第三产业占比继续稳步提升；能源生产、加工、转换及终端使用等各环节的相关技术、工艺等均按照当前发展趋势不断进步，能效水平稳步提升，新型技术成本不断下降。2030年前能源相关技术发生革命性突破的可能性较低，风、光等可再生能源稳步发展，对传统能源的规模化替代逐步显现[62]；政策改变能源转型的力度和速度。随着我国进入后工业化时代，消费转型升级及人民生活水平提升，对能源供应的安全性和稳定性、价格的合理性、生态环保的友好性等要求将越来越高[63]。基准情景下，我国提出的各项能源、气候与环保等政策均得以有效实施，能源生产、消费、技术和体制革命稳步推进，能源体系的质量和效益不断提升。

一次能源需求在2025年、2035年、2050年将分别为35.9亿吨标准油、39.1亿吨标准油、38亿吨标准油。煤炭消费占比将缓慢下降，2025年将降至50%，2050年将进一步降至33%(图5-1、表5-1)。

二、强化政策情景及能源消费

在强化政策情景下，中国处于建设社会主义现代化强国的战略发展期，恰与全球能源变革期相重合，为充分利用好此战略机遇期，中国大力推动非化石能源快速发展，不断提升能源的自给水平和环境治理与保护能力，实现到2050年全面建成美丽中国的目标；此情景下，中国对生态文明建设更加

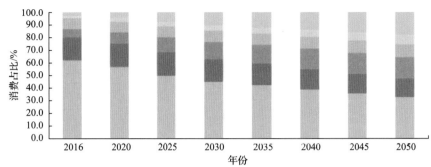

图 5-1　基准情景下我国能源消费需求预测

表 5-1　基准情景下 2025 年、2035 年、2050 年我国煤炭消费量预测

项目	单位	2025 年	2035 年	2050 年
一次能源消费需求	亿吨标准油	35.9	39.1	38
	亿吨标准煤	51.4	56	54.4
煤炭消费占比	%	50	42.5	33
煤炭消费量	亿吨标准煤	25.7	23.8	18

注：2035 年煤炭消费为根据图 5-2 估算值。

重视，高耗能行业发展受到更大制约，服务业、信息产业和高端制造业等新兴产业快速发展。不断加大清洁能源发展与节能减排力度，不断降低污染物问题和碳减排对经济、气候、环境与健康的影响；在需求侧，加大力度不断提升各行各业的能效，努力提高终端用能电气化水平，采取有效措施践行绿色生产与推广绿色生活理念；在供应侧，对化石能源利用采取更加严格的控制政策，通过碳税、环境税、碳交易等市场手段，以及财税价格制度等综合措施使得非化石能源发电技术更具竞争力；此情景下，2050 年非化石能源在一次能源中所占的比重将超过 50%。且 CCS 技术在电力部门得以推广应用，使得 2050 年碳排放较当前水平大幅下降。

强化政策情景下，中国一次能源消费总量将较基准情景更低，2035 年和 2050 年分别较基准情景下降 8.8% 和 9.9%。一次能源消费结构将更加低碳多元；2050 年，煤炭、石油、天然气和非化石能源的比重将分别为 17.6%、9.6%、12.7% 和 60.1%。

此情景下，石油和天然气消费量将较基准情景有所下降，2050 年分别较基准情景低 42.5% 和 24.5%（图 5-2、表 5-2）。

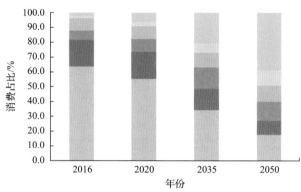

图 5-2　强化政策情景下我国能源消费需求预测

表 5-2　强化政策情景下 2035 年、2050 年我国煤炭消费量预测

项目	单位	2035 年	2050 年
一次能源消费需求	亿吨标准油	35.7	34.2
	亿吨标准煤	51.1	49
煤炭消费占比	%	34	17.6
煤炭消费量	亿吨标准煤	17.4	13

注：2035 年煤炭消费为根据图 5-2 估算值。

第二节　未来煤炭生产预测

结合两种情景下的煤炭消费需求可得，2035 年、2050 年煤炭消费需求分别为 17.4 亿～23.8 亿吨标准煤、13 亿～18 亿吨标准煤，假定 2035 年、2050 年我国煤炭供给全部来源于国内，取两种情景的平均值作为煤炭生产量，则 2035 年、2050 年煤炭生产分别为 20.6 亿吨标准煤、15.5 亿吨标准煤，折合为 28.8 亿吨煤、21.7 亿吨煤（表 5-3）。

表 5-3　2025 年、2035 年、2050 年我国煤炭生产量预测

情景	项目	单位	2025 年	2035 年	2050 年
基准情景	一次能源需求	亿吨标准油	35.9	39.1	38
		亿吨标准煤	51.4	56	54.4
	煤炭消费占比	%	50	42.5	33
	煤炭消费量	亿吨标准煤	25.7	23.8	18

续表

情景	项目	单位	2025 年	2035 年	2050 年
强化政策情景	一次能源需求	亿吨标准油		35.7	34.2
		亿吨标准煤		51.1	49
	煤炭消费占比	%		34	17.6
	煤炭消费量	亿吨标准煤		17.4	13
基准+强化政策情景	煤炭消费量	亿吨标准煤		17.4～23.8	13～18
	煤炭生产量	亿吨标准煤		20.6	15.5

第三节　智能精准煤矿开采水平预测

当前，我国还未真正建立智能精准煤矿，而国外先进煤矿的智能化程度远远高于我国煤矿水平。2017 年国家能源投资集团有限责任公司煤炭产量为 50887 万吨，生产煤矿 64 处，每处平均产量为 800 万吨。参考 *Table ES1. Coal Production, 1949-2018*，国外先进煤矿的全员工效大都在 20000 吨/人以上。随着《安全生产"十三五"规划》《"十三五"资源领域科技创新专项规划》《中国制造 2025》等政策的实施，以及煤炭企业自身转型升级发展的需求，煤矿智能化建设将迎来重大发展机遇，初步预测，2025 年前后，我国将建成 50 家以上智能精准示范矿井，大幅度减少井下作业人员，安全生产水平、全员工效将大幅度提升。随着科技不断进步与变革，预测到 2050 年智能精准煤矿人员工效将达到 25000 吨/人，智能精准煤矿将达到 100 家以上，矿井平均规模将达到 2000 万吨/年，智能精准煤矿产量占比将在 80% 以上，智能精准煤矿将实现近零死亡人数及近零职业病发病率，实现真正的煤矿开采技术变革。

第六章

我国煤矿安全生产工程科技战略

第一节　战略思想

深入贯彻习近平新时代中国特色社会主义思想,坚持以人为本的发展理念,以追求煤矿工人的生命安全与健康、保障生活与社会安定为目的,以先进的工程科技支撑本质安全和职业健康。

第二节　战略蓝图

一、实现理念"四大转变"

随着新时代人民日益增长的美好生活需要和高新技术的快速发展,煤矿安全生产理念要进行"四大转变":由灾害管控向源头预防转变、由单一灾害防治向复合防治转变、由局部治理向区域治理转变、由管控死伤向保障健康转变[12]。

二、实现煤矿"四化"

以追求煤矿工人的生命安全、健康生活和社会安定为目的,以先进的工程科技支撑本质安全和职业健康,实现煤矿安全"四化",即实现精准探测、矿井全息透明的透明化;实现精准开采、设备智能高效操控的智能化;实现精准、预警、监控、解危和救援全过程减灾的减灾化;实现精准防护、有效控制职业病、保护工人健康的健康化(图6-1)。

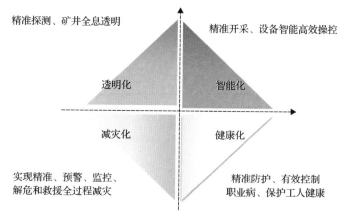

图6-1　煤矿安全"四化"发展

三、煤矿战略蓝图

按照煤矿"四化"的要求，构建面向未来的煤炭开采全过程（采前、采中、采后）灾害防治的精准智能开采新蓝图[12]。到 2050 年，建成全息透明矿井、实现精准智能开采和智能防灾治灾；煤矿企业成为技术密集型企业；煤炭行业成为技术含量高、安全水平高、绿色无害化的高科技行业[12]；全国煤矿用工 15 万人（井下基本无人）、全员工效 2 万吨/工、采煤 30 亿吨、死亡人数个位数。

煤矿将以最少用工、最少动用储量、最少人员伤亡保障我国煤炭安全稳定可持续供应，以满足煤矿工人对健康和美好生活的向往。

第三节 战略目标

根据十九大确定的我国经济社会发展的总体目标与战略部署，提出了煤矿安全生产工程科技目标，从而指导我国煤矿安全生产的发展实践，其战略路线如图 6-2 所示。

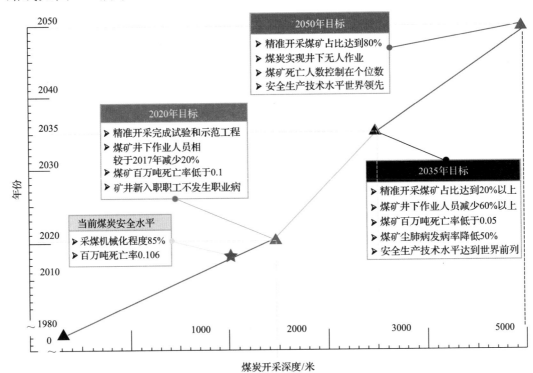

图 6-2 煤矿安全生产工程科技战略路线

2020 年目标：精准开采完成试验和示范工程、煤矿井下作业人员相较于 2017 年减少 20%以上、全国煤矿百万吨死亡率低于 0.1、示范矿井新入职职工不发生职业病。

2035 年目标：精准开采煤矿占比达到 20%以上、煤矿井下作业人员减少 60%以上、煤矿百万吨死亡率低于 0.05、煤矿尘肺病发病率降低 50%左右、安全生产技术水平达到世界前列。

2050 年目标：精准开采煤矿占比达到 80%、煤炭实现井下无人作业、煤矿死亡人数控制在个位数、安全生产技术水平世界领先。

第四节 煤矿安全生产技术体系

一、全息透明矿井技术

如图 6-3 所示，运用全息成像技术，构筑三维分布图像，精准确定煤炭资源赋存、资源储量、地质构造、地质灾害和伴生资源等，为灾害源头防治、区域治理、资源综合利用提供支撑。

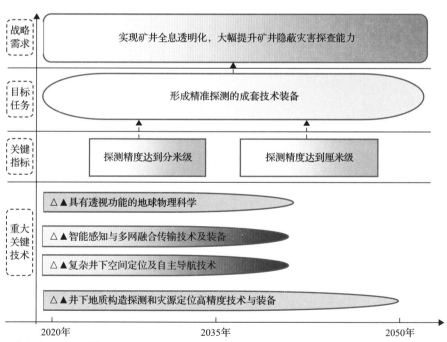

图 6-3 全息透明矿井技术体系图

(一)深层煤矿床赋存规律和多场综合勘探技术

深部煤炭资源勘探模式与浅层有别。浅层的煤炭资源勘探采用的是以地面钻探为主、辅之以地面物探的方法[64]。从地面钻探须通过采空区的实际困难出发,面对深部更复杂的环境、更多的目标参数,对深部资源采用以钻探为主的勘探模式并不现实,须从高精度的地震勘探、电磁法勘探、CT扫描等新型勘探方法入手,逐步解决相关技术的应用,探索一个深层煤矿床资源综合探测的技术体系[64]。

在地质勘探的同时,要开展原位地应力真值、地温梯度、渗透系数等参数的测量,不仅需要了解区域地应力场、区域地温场、区域渗流场,也需要知道局部的微观地应力场、微观地温场、微观渗流场,还需要弄清它们的演化历史,并在此基础上建立以煤田、煤矿区和煤矿床为中心的深部原位地应力场、地温场、渗流场模型,为预测和防治灾害提供基础保障[64]。

目前应力场的测量主要采用水压致裂法和应力解除法等,这些方法都需要布置钻孔,施工难度较大,尤其是深部矿区应力测量难度很大,且通常只能测量单个点,如需全面了解煤矿井下应力场分布,需要进行多个测站的布置。裂隙场的测量主要通过物探的方法,但目前测量精度普遍较低,尤其是微裂隙,无法实现准确探测。渗流场主要是瓦斯和水的渗流,目前也需要在井下采用测试仪器进行点对点的测试。

针对煤矿井下应力场、裂隙场和渗流场的分布与演化,需要开发煤矿应力场、裂隙场、渗流场高精度智能化测试分析技术。

煤矿井下应力场包括原岩应力场、采动应力场和支持应力场,上述三种应力场构成煤矿井下综合应力场。综合应力场随着煤矿开采过程在时间和空间上都不断变化,因此需要研究开发煤矿各采区甚至全矿井范围内非钻孔的综合应力场全面探测技术,并结合物探方法开发高精度裂隙场和渗流场探测技术,实现煤矿井下"三场"变化的全面、实时、透明化监测,实现"三场"监测人员不下井、监测精度高的目标。

(二)井下智能化钻探技术与装备

当前钻进施工以人工操作为主,干扰因素太大,易发生钻孔事故。智能化钻探技术即通过设置钻探参数监测系统，实时掌握钻进参数变化，并根据建立的模型实现钻进工况识别，在机械执行机构、液压控制系统和控制器三者有效集成的基础上，仅通过操作手柄或按钮结合视频显示和数据显示来完成钻进作业，降低了工人劳动强度和事故发生概率、提高了钻进效率，同时可对各种地质异常体进行辅助判断和识别，另外结合地质导向技术，可满足地质信息探测方面的新需求。

煤矿井下智能钻机以智能钻进专家系统为核心，辅之以钻进参数采集系统、钻进数据处理系统和钻进实时控制系统，通过数据采集器、信号处理器、中控计算机组成的智能化控制体系，实时采集、处理钻机钻进参数，由专家系统智能判断并实时调整钻进工艺，同时配合钻机自动上杆装置等辅助自动化设备，最终实现智能化钻孔施工。

二、煤矿精准开采技术

煤炭精准开采是基于透明空间地球物理和多物理场耦合，以智能感知、智能控制、物联网、大数据云计算等作为支撑，统筹考虑不同地质条件下的煤炭开采扰动影响、致灾因素、开采引发的生态环境破坏等，时空上准确高效的煤炭无人（少人）智能开采与灾害防控一体化的未来采矿新模式[41]。煤矿精准开采的科学内涵如图 6-4 所示。精准开采支撑科学开采，是科学开采的重中之重。煤矿精准开采技术体系如图 6-5 所示。

煤矿精准开采涉及面广、内容纷繁复杂，主要研究内容包括以下几个方面[41]。

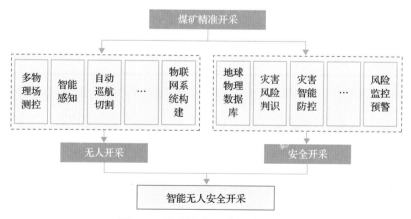

图 6-4　煤矿精准开采的科学内涵

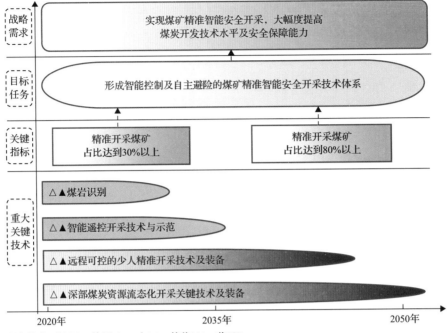

研发基础：好(□)、较好(△)、中(V)、较差(◇)、差(○)
研发方式：自主开发(▲)、联合开发(▼)、引进吸收消化再创新(◆)

图 6-5　煤矿精准开采技术体系

(一)创新具有透视功能的地球物理科学

具有透视功能的地球物理科学是实现煤炭精准开采的基础支撑。该方向将地理空间服务技术、互联网技术、电子计算机断层扫描(CT)技术、虚拟现实(VR)技术等积极推向矿山可视化建设，打造具有透视功能的地球物理科学支撑下的"互联网+矿山"，可对煤层赋存进行真实反演，实现断层、陷落柱、矿井水、瓦斯等致灾因素的精确定位。

该方向主要包括以下研究内容：

(1)创新地下、地面、空中一体化多方位综合探测新手段。

(2)研制磁、核、声、光、电等物理参数综合成像探测新仪器。

(3)构建探测数据三维可视化及重构的数据融合处理方法。

(4)研发海量地质信息全方位透明显示技术，构建透明矿山，实现瓦斯、水、陷落柱、资源禀赋等 1∶1 高清显示，以及地质构造、瓦斯层、矿井水等矿井致灾因素高清透视，最终实现煤炭资源及煤矿隐蔽致灾因素动态智能探测。

(二)智能新型感知与多网融合传输方法及技术装备

智能新型感知与多网融合传输方法及技术装备是实现精准开采的技术支撑。该方向将研发新型安全、灵敏、可靠的采场、采动影响区及灾害前兆等信息采集至传感技术装备，形成人机环参数全面采集、共网传输新方法。

该方向主要包括以下研究内容：

(1)采场及采动扰动区信息的高灵敏度传输传感技术。

(2)采场及采动扰动区监测数据的组网布控关键技术及装备。

(3)非接触供电及多制式数据抗干扰高保真稳定传输技术。

(4)灾害前兆信息采集、解析及协同控制技术与装备。

(三)动态复杂多场多参量信息挖掘分析与融合处理技术

动态复杂多场多参量信息挖掘分析与融合处理技术可为煤矿精准开采系统提供智能决策、规划，提高系统反应的快速性和准确性。该方向将突破多源异构数据融合与知识挖掘难题，创建面向煤矿开采及灾害预警监测数据的共用快速分析模型与算法，创新煤矿安全开采及灾害预警模式。

该方向主要包括以下研究内容：

(1)多源海量动态信息聚合理论与方法。

(2)数据挖掘模型的构建、更新理论与方法，面向需求驱动的灾害预警服务知识体系及其关键技术。

(3)基于漂移特征的潜在煤矿灾害预测方法与多粒度知识发现方法。

(4)煤岩动力灾害危险区域快速辨识及智能评价技术。

(四)基于大数据云技术的精准开采理论模型

基于大数据云技术的精准开采理论模型可以为煤炭精准开采提供理论支撑。该方向基于大数据的煤炭开发多场耦合及灾变理论模型，采用"三位一体"科学研究手段，基于大数据技术自动分析、生成监测数据异常特征提取模型，研究煤矿灾害致灾机理及灾变理论模型，实现对煤矿灾害的自适应、超前、准确预警。

该方向主要包括以下研究内容：

(1)基于实验大数据的多场耦合基础研究。利用"深部巷道围岩控制"

"煤与瓦斯突出""煤与瓦斯共采"等大型科学实验仪器在不同开采条件下的海量实验测试数据，开展多场耦合基础实验研究。

(2)基于生产现场监测大数据的多场耦合研究。基于生产现场监测的海量数据，进行大数据的云计算整合，探索总结多场耦合致灾机理及其诱发条件。

(3)基于精准透视下的多场耦合理论模型。现场实时扫描监测数据，研究数据的瞬态导入机制，数值模拟仿真实验模型，进行真三维数值仿真智能判识与监控预警。

(五)多场耦合复合灾害预警云平台

多场耦合复合灾害预警为煤炭精准开采提供了安全保障。该方向利用探索具有推理能力及语义一致性的多场耦合复合灾害知识库构建方法，建立适用于区域性煤矿开采条件下灾害预警特征的云平台。

该方向主要包括以下研究内容：

(1)不同类型灾害的多源、海量、动态信息管理技术。

(2)基于描述逻辑的灾害语义一致性知识库构建理论与方法。

(3)基于深度机器学习的煤矿灾害风险判识理论及方法。

(4)煤矿区域性监控预警特征的云平台架构。

(5)基于服务模式的煤矿灾害远程监控预警系统平台。

(六)远程可控的少人(无人)精准开采技术与装备

远程可控的少人(无人)开采技术与装备是实现煤炭精准开采的必需技术手段。该方向以采煤机记忆截割、液压支架自动跟机及可视化远程监控等技术与装备为基础，以生产系统智能化控制软件为核心，研发远程可控的少人(无人)精准开采技术与装备。

该方向主要包括以下研究内容：

(1)采煤机自动调高、巡航及自动切割自主定位。

(2)煤岩界面与地质构造自动识别。

(3)井上-井下双向通信。

(4)采煤工艺智能化。

(5)工作面组件式软件和数据库、大数据模糊决策系统。

（七）救灾通信、人员定位及灾情侦测技术与装备

救灾通信、人员定位及灾情侦测技术与装备是实现煤炭精准开采的坚实后盾。该方向将进行灾区信息侦测技术及装备、灾区多网融合综合通信技术及装备、灾区遇险人员探测定位技术及装备、生命保障关键技术及装备、快速逃生避险保障技术及装备、应急救援综合管理信息平台的研发。

该方向主要包括以下研究内容：

（1）地面救援方面，开发全液压动力头车载钻机、救援提升系统研制及其下放提吊技术、煤矿区应急救援生命通道井优快成井技术。

（2）井下救援方面，推进大功率坑道救援钻机、大直径救援钻孔施工配套钻具、基于顶管掘进技术的煤矿应急救援巷道快速掘进装置的研制，以及井下大直径救援钻孔成孔工艺设计。

（八）基于云技术的智能矿山建设

基于云技术的智能矿山建设是煤炭精准开采需要实现的目标。该方向结合采矿、安全、机电、信息、计算机、互联网等学科，融计算机技术、网络技术、现代控制技术、图形显示技术、通信技术、云计算技术于一体，将"互联网+"技术应用于云矿山建设，把煤炭资源开发变成智能车间，实现未来采矿智能化少人（无人）安全开采。

三、煤矿灾害防治技术

如图 6-6 所示，从开发源头控制煤矿灾害，协调资源利用与灾害治理，加强复合灾害的综合治理和区域治理。提升我国煤矿安全技术水平，实现隐蔽灾害的精确定位、监测、预警，以及应急救灾机器人研制，构建井下安全生产系统和灾害管控可视化监控体系。

（一）煤矿瓦斯灾害防治重大技术

煤矿瓦斯灾害防治主要针对煤与瓦斯突出、窒息中毒和瓦斯爆炸三种类型。避免瓦斯事故发生的根本是消除危险源，因此瓦斯参数（浓度、压力或含量）是关键监测对象。降低巷道（网络）瓦斯浓度，可以有效降低瓦斯爆炸和窒息中毒事故；合理管控煤层瓦斯压力或含量，可有效避免煤与瓦斯突出，降低灾害风险。

图6-6 煤矿灾害防治技术体系图

提升煤矿瓦斯灾害防治技术，目前主要从预测预报、煤层增透、抽采消突和通风技术等方面进行，主要重大技术包括：

(1)适应现代采煤技术的采煤采气一体化开发技术。

(2)井下无人化、智能化瓦斯抽采技术。

(3)瓦斯富集区及储层特性参数精准探测技术。

(4)低渗煤层卸压促流增透技术。

(5)深部复合动力灾害防控技术。

(6)井上下瓦斯抽采精准对接立体防控技术。

(7)煤与瓦斯突出危险性多元复合预测预报技术。

(8)矿井通风智能管控技术。

其中瓦斯预测预报技术是基础，是发现、辨识危险源的有效途径；煤层增透是关键途径，是消除灾害风险的必要手段；而瓦斯抽采消突是去除灾害的关键技术措施，三者形成煤矿瓦斯灾害防控的主体。

(二)煤矿水害防治重大技术

1. 水害防治基础理论研究

1)深部煤炭资源开采突水机理

高地应力及高水压条件下深部煤层底板突水机理研究;底板突水危险性评价理论研究。

2)煤层顶板巨厚砂岩裂隙含水层透水机理研究

综放条件下覆岩破坏及顶板含水层透水机理;顶板离层透水机理及防控技术体系研究;矿井涌水量动态预测技术。

3)老空水防治基础

老空水综合探测技术及孔中物探技术;探放点准确定位与探放效果评价技术。

4)矿井多重水害防控技术体系研究

重点研究深部高承压灰岩水害、生产和废弃矿井采空区水害及顶板巨厚富水砂岩裂隙水害的致灾机理、预测及水害防治技术,构建多重水害防控体系。

5)水害防控与水资源保护开采技术研究

深化矿井水"防、治、用、环"技术的研究。加强对煤矿水害预防、治理及水资源综合利用与水环境保护等方面的研究。矿井"煤-水"双资源联合开发技术,以"控水采煤"技术为核心,基于水资源保护的敏感性分析,对大水矿井水害防治与水资源保护、利用进行多模式划分,实现煤炭与水资源协调开采。

2. 水害防治关键技术与装备研发

1)探测技术与装备研发

老空水、垂向导水断层和陷落柱精细探查技术与装备研究;井下高压水探放技术与装备研究。

2)水害评价与预测技术研发

深部煤层底板突水危险性评价技术研究;突水预测技术研究;奥灰顶部坚硬岩层高效定向钻进技术与装备研究。

3)水害治理技术与装备研发

开展矿井注浆技术模拟实验与装置研究;开展奥灰顶部利用及注浆改造

技术研究；矿井突水水源快速识别及分析技术。

4）水害监测预警技术与装备研发

开展矿井水害实时监测和预警技术研究；开发解决不同水害类型的监测方案、预警判据等关键技术；形成矿井水害监测预警方法与技术体系及矿井水害高精度监测预警技术。

5）水害应急救援技术与装备研发

开展地面救援钻孔快速施工技术及配套装备研究；开展地面大口径救援钻孔钻探技术及配套救援装备研究。

（三）煤矿火灾防治重大技术

1. 矿井隐蔽火源精确定位技术及装备

融合现有电磁、测氡等火区探测技术优点，研发井下隐蔽火源探测技术及装备，研究火区探测技术影响因素作用规律，开发数据信息处理及分析系统，实现对矿井隐蔽火源的精确探测。

2. 火灾一体化预警、治理技术及装备

研究煤自然发火特征判识技术、长距离工作面煤自然发火束管监测技术、煤自然发火预警和治理技术、煤矿封闭火区监测管理技术等，建设系统平台，使煤矿自然发火一体化监测预警及自动化治理形成体系。

3. 智能开采矿井外因火灾判识、处理技术及装备

研究煤矿井下智能化开采条件与煤矿井下作业环境对外因火灾影响的规律及监测监控系统，以及基于皮带、电缆和新型煤矿开采、运输设备的火灾自动识别、成像和处理技术及装备，可实现对胶带运输机等运输和开采设备断电、报警及控制喷水降温等。

4. 产能退出矿井火区绿色治理技术及装备

针对产能退出矿井已知火区位置及未知发展火区位置，开展以注浆、注惰性气体及其他新的绿色治理技术手段为主的火区治理措施，避免火区复燃。在火区治理的基础上，开展生态恢复和绿化技术，恢复产能退出矿井的生态环境。

5. 煤田火区热能高效利用技术及装备

针对煤田火区产生的有毒有害气体和高温热能，建立气体萃取、导热棒或其他的新能源利用技术及装备，对煤田火区产生的可燃烧性气体和大量热能进行综合利用和转化，用于供给周围村民燃气或用电等。

(四)煤矿顶板灾害和冲击地压防治重大技术

1. 大型地质体控制型矿井群冲击地压协同防控技术

大型地质体(大型断层、大型褶曲、巨厚砾岩、直立岩柱等)控制型矿井群井间相互扰动强烈、联动失稳效应明显，因此其冲击地压灾害的防控变得日益迫切。现有的冲击地压防控方法与技术，大多针对单一矿井，且仅考虑采场范围内的地质构造对冲击地压灾害的影响，没有考虑大型地质体存在条件下井间开采扰动而造成的结构体时空力学响应行为和联动失稳特征。本节以揭示大型地质体控制型矿井群冲击地压的结构和应力作用机制为出发点，探索以控制矿井群煤系地层结构效应和阻断井间应力链为中心的冲击地压防控新方法和新技术，实现大型地质体存在条件下矿井群的协调安全开采。

建立矿井群数值模型和"井-地-空"一体化多元信息的矿井群冲击地压监测系统，揭示大型逆断层、褶曲构造及上覆巨厚岩层等影响下井间开采扰动而造成的结构体时空力学响应和联动失稳特征，提出以控制矿井群煤系地层结构效应和阻断井间应力链为中心的冲击地压防控新方法与新技术[65]。

2. 基于透明矿山技术的冲击地压精准预测技术

深部煤矿开采动力灾害发生频率高、突发性强，缺乏能精准快速探测危险区域的技术与评价方法。传统的浅部煤矿灾害探测技术无法及时反馈具有极强突发性灾害的危险等级信息及范围，因此亟须开发新的快速探测及评价技术[65]。针对深部煤矿开采环境，探索采掘扰动作用下煤岩动力灾害危险性区域快速探测技术，开发适应于深部矿井工作面危险区的精确分级及评价新技术。

研发深部煤矿巷道掘进及回采工作面危险性区域快速探测技术，建立深部开采动力灾害危险区多参量精准等级划分及评价技术，形成工作面应力、构造、瓦斯等危险性指标参量可视化表征技术，实现深部煤矿采场危险性区域透明化、精准化[65]。

3. 深部冲击地压载荷综合控制技术

在我国东部煤矿普遍进入深部开采的情况下,深部矿井冲击地压防控技术与装备亟须研发。传统的适应于浅部矿井的冲击地压防控方法与技术适用范围小,注重局部解危技术,防控方法具有局限性,防控效果差。深部冲击地压不仅受近场围岩顶板垮断动载和煤层、底板高集中静载作用的影响,而且远场大范围覆岩结构破坏扰动的影响不可忽视。

深部开采冲击地压防控不仅要考虑回采和掘进工作面自身的近场采动作用,还必须考虑矿井其他采面、采区甚至是相邻矿井的采矿扰动作用。因此,深部开采冲击地压防控的核心和关键就是实现对近场采动和远场扰动动静载荷的有效控制,而目前缺乏深部区域、局部动静载荷调控技术与装备。因此需针对多尺度分源防控深部冲击地压关键技术问题,探索矿井尺度冲击地压动静载荷调控技术,开发采掘工作面尺度冲击地压动静载荷控制技术与装备,形成深部矿井冲击地压多尺度分源防控技术与装备体系。

研究矿井尺度动静载荷调控防范冲击地压技术,以及采掘工作面尺度动静载荷防控技术与装备,近场以控制顶板、煤层、底板应力为目标,远场以控制覆岩结构稳定性为目标,可实现深部冲击地压灾害的有效防控。

4. 深部开采冲击地压巷道吸能支护技术与装备

冲击地压造成巷道瞬间严重变形甚至合拢,支护作为被动防控的主要措施,是巷道抵抗冲击地压破坏的最后一道屏障。传统的支护设计方法与支护手段主要是基于静力学理念与方法提出的,不适应巷道围岩破坏的动力学特征。合理支护形式是提高巷道抵抗动力破坏能力的前提与基础,其核心和关键是从动力学角度揭示冲击地压发生过程中支护与围岩的动力耦合作用机制,研发新型抵抗动载荷的支护装备。本书从理论与方法、技术与装备角度出发,深入系统地研究冲击地压巷道吸能支护理论及关键技术,研发新型抵抗动载荷的支护装备并提出合理的设计方法,构建吸能支护体系,最终形成深部开采冲击地压巷道吸能支护成套技术与装备。

建立深部开采冲击地压巷道吸能支护理论,研发新型吸能支护装备,明确吸能支护强度与可抵抗冲击地压震级之间的关系,形成深部开采冲击地压巷道吸能支护成套技术与装备。

5. 西部采场围岩破裂及运动过程精准识别及可视化分析技术

我国西部矿区煤层具有埋藏较浅、基岩薄、松散层厚的特点，开采过程中顶板不易形成稳定的铰接结构，覆岩破坏往往波及地表，矿压显现十分强烈，神东矿区、伊泰矿区等浅埋矿区已发生多次切顶压架、溃水溃砂事故，造成综采设备损坏、生产中止，甚至人员伤亡，经济损失巨大。采场围岩破裂及运动是采煤工作面矿压显现的力源，因此研究西部采场围岩破裂及运动过程精准识别技术是有效解决顶板灾害的关键。

从西部采场微震事件及矿压规律出发，研究建立西部浅埋采场围岩结构及运动理论模型。研究矿压大数据与顶板运动的时空对应关系，以及微震事件与采场围岩的破坏位置、破裂大小、破裂方向、震动能量等特征的对应关系，建立数据驱动的西部采场围岩破裂及运动过程精准识别模型，开发西部采场围岩破裂及运动过程精准识别及可视化分析技术。

6. 支护质量实时评价及顶板灾害实时预警技术

随着一次开采范围的显著增大及开采速度的加快，煤层开采强度显著增加，采场矿压显著增强，一些高强度开采工作面频繁发生片帮冒顶、切顶压架等事故。液压支架是采场围岩控制的关键设备，提高液压支架支护质量是防治采场顶板灾害的有效措施。

基于理论分析，研究提出液压支架支护质量评价指标，以及支护质量评价指标的实时精准分析算法，建立评价模型和预警准则；研究顶板来压实时分析及精准预测方法，开发支护质量实时评价及顶板灾害实时预警技术。

四、煤矿职业病危害防治技术

如图 6-7 所示，从源头控制煤矿职业危害，结合呼吸性粉尘监测治理及高温热害、噪声、有毒有害气体控制技术，提高矿井职业危害监测预警及防治技术水平。提高煤矿职业危害防治技术的有效性、适应性和经济性，实现职业危害监测预警及防治系统的技术装备突破。

(一)矿山呼吸性粉尘在线监测与防治技术及装备

在粉尘监测方面，实现了对总粉尘和呼吸性粉尘浓度的定点检测及总粉尘浓度的在线连续监测，但矿山作业环境呼吸性粉尘在线连续监测技术在我

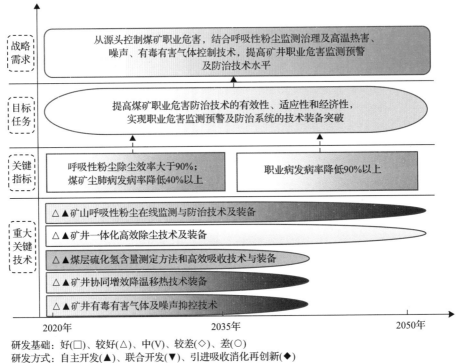

研发基础：好(□)、较好(△)、中(∨)、较差(◇)、差(○)
研发方式：自主开发(▲)、联合开发(▼)、引进吸收消化再创新(◆)

图 6-7　煤矿职业病危害防治技术体系

国还是空白，同时缺少矿山大数据信息监管支撑平台，无法实现对职业危害实时有效的监测和预警[66]。

开发准确度更高的呼吸性粉尘浓度监测仪表及粉尘检测仪器，对呼吸性粉尘浓度连续在线监测技术和实时跟踪监测技术进行攻关，研发呼吸性粉尘浓度传感器和粉尘浓度无线实时跟踪监测仪器，填补国内在该技术领域的空白[66]。

(二)矿井一体化高效除尘技术及装备

不论是从预防煤尘爆炸还是从改善矿山职业安全健康环境、延长机器使用寿命、减少企业生产成本的出发点考虑，矿井综合防降尘技术研究与应用都非常必要。矿井防降尘是一个系统工程，有必要站在全矿井的角度考虑，全方位、一体化地推进各产尘环节的防降尘技术。

(三)矿井协同增效降温移热技术装备

充分调研，获取热害矿井各项热参数指标，分析矿井热害时空分布特征及影响因素，厘清矿井对流换热机理；研发矿井热环境参数在线监测技术，推进矿井降温最优化通风参数研究；在深入开采热害矿井降温冷负荷与有效处理风量的优化调控技术、热害矿井级联气体涡流制冷降温技术、矿井冷凝热的热棒移热综合利用技术的基础上研制集移热、导热、排热于一体的经济高效的矿井智能控温技术系统及装备，实现矿井多系统协同增效降温技术。

(四) 矿井有毒有害气体及噪声抑控技术

在对国内外研究现状进行调研和对不同矿井有毒有害气体与噪声分析的基础上，采用"理论研究—大数据分析—指标模型建立—监测及防控装备研发—示范应用"的技术路线，从矿井有毒有害气体快速检测技术、矿井有毒有害气体解危防控关键技术、井下关键产噪点智能监控技术、矿井噪声驱散及隔绝技术四个方面开展研究。

(五) 煤层硫化氢含量测定方法和高效吸收技术与装备

掌握煤层中硫化氢的赋存与涌出规律，研发出硫化氢含量测定技术、采掘面硫化氢高效吸收技术及装备。硫化氢吸收剂吸收效率不低于90%。

第七章

促进煤炭安全生产工程科技
的政策措施建议

第一节　加大煤矿安全生产科技人才培养和保障力度

一是加快中青年煤矿安全生产科技人才培养，完善人才培养工作机制，加强煤矿安全生产科技成果交流和人才知识更新，培养一批既掌握安全基础理论，又懂安全管理，还能现场操作的知识型+技能型复合型安全科技人才，为煤矿安全发展提供智力保障[12]。建立吸引人才从事煤矿生产工作的长效机制，完善白领化人才培养体系。支持煤矿工人从业资格认定工作，配套给予足额资格津贴。建议围绕煤炭精准智能开采等战略研究，在北京成立中国工程院煤炭工业战略研究院。

二是进行煤矿工人从业资格认定制度化，通过相关立法保障煤炭一线员工薪酬水平。对于从事煤矿一线生产的工人，加大提升煤矿从业人员的知识水平，三年内显著改善全国煤矿从业人员文化层次结构，使大专及以上学历达到 30%以上，初中及以下文化程度降到 40%以下。同时，加强规范劳动用工管理，培养一大批与煤炭工业发展相适应的技术能手、工匠大师、领军人才，大幅度提高从业人员的安全意识和技能水平，努力建设一支高素质从业人员队伍，为实现煤矿安全形势的根本好转提供保障[12]。

三是进一步完善薪酬激励制度，加大工资收入向特殊人才、井下一线和艰苦岗位的倾斜力度。建议以企业投入为主，国家补贴为辅，加强煤炭企业员工的定点培养工作，重点支持国家贫困地区。在生活上，主动帮助煤炭企业员工解决落户、教育、住房、医疗等难题，倾听员工在安全生产、职业健康、体面劳动等方面的诉求，满足员工对美好生活的向往。在名誉上，加大对技术能手、工匠大师、劳动模范等优秀员工的推介和宣传力度，扩大其影响力，提高其知名度，让高素质人才"名利双收"[67]。

第二节　加强煤矿安全科技攻关

从源头上深化研究地质和地下空间承载力，发布符合安全要求的井下开拓布局规范；研究矿井结构和强度承载力，制订煤矿不发生事故的设计和建设标准；研究多灾种耦合和灾害链发生、发展、转化的机理，探索从本质上减少煤矿灾害发生的颠覆性理论和技术。将煤炭安全生产工程科技攻关项目列入国家重大科技研发计划，加大煤矿安全科技投入。支持建设煤矿精准智能开采国家级试验平台。充分发挥产学研用等多方面的积极性，推进煤矿安全科技创新联盟的建设，以及煤矿安全生产技术示范工程的建设[12]。以深部矿井重大危险源探测、多元灾害防控、矿井智能化开采、救灾机器人研发和安全生产信息化为重点，攻克关键技术，加快科技成果转化，提升自主研发水平和创新能力。

创新建立煤炭科技投入长效机制。由中央煤炭企业牵头，联合相关大型煤炭企业成立煤炭工业科技研发基金，重点支持精准智能开采和废弃矿井安全相关领域。由中央煤炭企业牵头成立软科学研究基金，重点支持精准智能开采相关战略、政策、规范、标准的研究。联合煤炭企业与高等院校成立高等院校人才培养基金，重点资助博士、博士后高层次人才。

第三节　加快推进精准智能开采示范工程

推进煤矿"井-地-空"全方位一体化综合探测、重大灾害智能感知与预警预报、重大灾害智能化防控等核心技术攻关；基于透明空间地球物理和多物理场耦合，以及全息透明矿井，以人工智能、物联网、大数据云计算等作为支撑，统筹考虑不同地质条件下的多元致灾因素，推进精准智能开采示范工程建设，创立精准智能无人（少人）化开采与灾害防控一体化的煤炭开采新模式。给予示范工程建设一定的财政补贴和税收优惠[15, 68]。

建议将煤矿精准智能开采作为国家能源战略。将煤矿精准智能开采提升为国家能源开发战略，使其成为煤矿安全突破性变革的治本之策。制定煤矿精准智能开采战略规划，统筹布局、协调推进，有步骤、有计划地保障精准智能开采落地。将煤炭安全智能精准开采协同创新组织上升为国家级创新团队。

第四节　构建完善的职业健康保障体系

煤矿职业病发病有很长的延后期，因此，要想进一步遏制职业健康恶化的趋势，必须尽早采取措施，构建完善的职业健康保障体系。

一是加大对静电感应检测粉尘浓度传感器等新型原理粉尘浓度传感器

的研发和推广应用支持力度，推行在线检测，从根本上改变以人工抽检为主的检验检测方式。

二是结合发达国家(如美国、德国等)的经验，建立一个统一的全国煤矿粉尘第三方在线检验检测中心，对呼吸尘危害进行实时监管预警[12]。

三是按照下井工作 25 年不患尘肺病的标准，制订井下作业环境粉尘浓度限值、工作人员接尘时间和强度限值、个体防护规范，并严格实施[12]。

四是类似于煤矿安全责任体系，将职业健康纳入企业、地方政府等的考核体系。

第五节　完善煤矿安全责任体系

尽管煤矿安全在 2017 年实现了全国煤矿事故总量、重特大事故、百万吨死亡率"三个明显下降"，2018 年百万吨死亡率为 0.093，首次达到了 0.1 以下，但仍需进一步完善煤矿安全责任体系[12]。

一是要加大对各级政府的安全生产绩效考核力度，严格执行"一票否决"制度。

二是进一步明确所有涉及煤矿安全部门的职责并严格考核。

三是进一步完善相关法律法规，对拒不执行停产指令或明知存在重大安全隐患仍然违章指挥的事故责任人，要以以危险方法危害公共安全罪追究刑事责任；对尚未造成事故的，在现有的行政处罚的基础上，协调司法机关完善对责任人实施拘留乃至追究刑事责任的司法规定。

参 考 文 献

[1] 陈养才. "数"说煤炭工业改革开放四十年[J]. 中国煤炭工业, 2019, (01): 15.

[2] 奥日格勒. 中国与蒙古国草原矿区植被恢复对比研究[D]. 呼和浩特: 内蒙古农业大学, 2013.

[3] 吴吟. 40 年煤炭工业实现十大历史性转变[N]. 中国煤炭报, 2018-08-07(003).

[4] 刘文奇. 供给侧结构性改革煤炭去产能政策研究[D]. 北京: 中国社会科学院研究生院, 2018.

[5] 本刊记者. 改革发展成效明显 行业运行质量提高——2017 煤炭行业发展年度报告发布会在京召开[J]. 中国煤炭工业, 2018, (4): 32-33.

[6] 锚杆支护优越性[J]. 能源与节能, 2014, (11): 107.

[7] 董正阳. 基于演化博弈理论的物流金融信用风险研究[D]. 邯郸: 河北工程大学, 2016.

[8] 刘晓慧. "黑金变土豆"或成全煤炭企业"走出去"[N]. 中国矿业报, 2014-05-06(A06).

[9] 王显政. 坚持依靠科技创新 推动行业转型升级 促进煤炭工业健康协调可持续发展[J]. 中国煤炭工业, 2017, (10): 4-9.

[10] 另凡. 我国绿色矿山建设全面推进[N]. 中国能源报, 2018-05-21(15).

[11] 肖龙沧. 绿色金融支持内蒙古清洁供暖企业和项目路径分析[J]. 北方金融, 2018, (10): 3-7.

[12] 胡炳南, 张鹏, 张风达. 我国煤矿安全高效生产实践与发展对策[J]. 煤炭经济研究, 2019, 39(4): 4-9.

[13] 曹代勇, 谭节庆, 陈利敏, 等. 我国煤炭资源潜力评价与赋煤构造特征[J]. 煤炭科学技术, 2013, 41(7): 5-9.

[14] 袁亮, 张农, 阚甲广, 等. 我国绿色煤炭资源量概念、模型及预测[J]. 中国矿业大学学报, 2018, 47(1): 1-8.

[15] 973 计划(2013CB227900)"西部煤炭高强度开采下地质灾害防治与环境保护基础研究"项目组. 西部煤炭高强度开采下地质灾害防治理论与方法研究进展[J]. 煤炭学报, 2017, 42(2): 267-275.

[16] 戴晓晨. 试论人权保障视野下的安全生产[D]. 长沙: 湖南大学, 2007.

[17] 秦容军. 我国煤炭开采现状及政策研究[J]. 煤炭经济研究, 2019, 39(1): 57-61.

[18] 李毅中. 谈谈我国安全生产问题[EB/OL]. (2006-06-29)[2020-03-02]. http://www.gov.cn/gzdt/2006-07/01/content_325165.htm.

[19] 井深. 久安须长治——透视今年省内 3 起较大煤矿生产安全事故[J]. 吉林劳动保护, 2014, (10): 36-38.

[20] 赵艳. 煤矿工人不安全行为的影响因素分析[J]. 时代金融, 2014, (18): 230-231.

[21] 中国煤炭工业协会. 上半年全国煤炭经济运行形势简析[N]. 中国自然资源报, 2019-08-03(007).

[22] 朱妍. 煤炭人才培养双向失衡[N]. 中国能源报, 2019-04-01(15).

[23] 赵毅鑫. 新时代背景下我国煤矿安全发展面临的挑战[J]. 煤炭经济研究, 2019, 39(4): 1.

[24] 雷毅. 新形势下煤矿安全科技面临的挑战及对策[J]. 煤矿开采, 2016, 21(3): 143-146.

[25] 申宝宏, 雷毅. 我国煤炭科技发展现状及趋势[J]. 煤矿开采, 2011, 16(3): 4-7.

[26] 贾建称, 范永贵, 吴艳, 等. 中国煤炭地质勘查主要进展与发展方向[J]. 中国煤炭地质, 2010, 22(S1): 147-153.

[27] 王振. 千米定向钻进技术的应用现状及问题探讨[J]. 矿业安全与环保, 2017, 44（2）：95-97.

[28] 于雷. 近浅埋深综采工作面矿压显现规律研究[D]. 阜新：辽宁工程技术大学, 2008.

[29] 杨建奇, 邓涛. 黄陵矿业实现远程监控采煤[N]. 中国能源报, 2014-06-02（12）.

[30] 石镇山. 提高产品可靠性 夯实仪器仪表产业发展基础[J]. 中国仪器仪表, 2010, （S1）：25-28.

[31] 兰波, 许慧娟. 煤矿乏风瓦斯利用技术及应用前景[J]. 中州煤炭, 2012, （7）：37-39, 41.

[32] 徐星, 李凤琴, 王玉和, 等. 矿井工作面底板水害的防治[J]. 煤矿安全, 2011, 42（7）：58-61.

[33] 公茂泉. 山东煤矿防治水技术研究[C]. 山东省科学技术协会, 2009：13.

[34] 张雁, 刘英锋, 吕明达. 煤矿突水监测预警系统中的关键技术[J]. 煤田地质与勘探, 2012, 40（4）：60-62.

[35] 袁亮. 我国煤炭工业安全科学技术创新与发展[J]. 煤矿安全, 2015, 46（S1）：5-11.

[36] 马忠. 煤矿隔抑爆技术研究现状及发展趋势[J]. 矿业安全与环保, 2014, 41（2）：83-85.

[37] 王国法, 范京道, 徐亚军, 等. 煤炭智能化开采关键技术创新进展与展望[J]. 工矿自动化, 2018, 44（2）：5-12.

[38] 李伟. 海石湾井田 CO_2 成藏演化机制及防治技术研究[D]. 徐州：中国矿业大学, 2011.

[39] 李思瑶. 田陈煤矿职业危害防治体系研究[D]. 廊坊：华北科技学院, 2017.

[40] 赵小虎, 刘闪闪, 沈雪茹, 等. 基于 CS 架构的煤矿井下图像处理算法研究[J]. 煤炭科学技术, 2018, 46（2）：219-224.

[41] 袁亮. 煤炭精准开采科学构想[J]. 煤炭学报, 2017, 42（1）：1-7.

[42] 陈芳, 张设计, 马威, 等. 综掘工作面压风分流控除尘技术研究与应用[J]. 煤炭学报, 2018, 43（S2）：483-489.

[43] 张占存. 基于压力恢复曲线理论的煤层瓦斯渗流参数测定方法及应用研究[D]. 沈阳：东北大学, 2017.

[44] 陈功胜, 武精科. 强突煤层保护层工作面煤与瓦斯共采技术[J]. 煤矿安全, 2014, 45（9）：55-57.

[45] 肖家平, 周波, 韩磊. 近水平远距离下保护层开采卸压边界的研究[J]. 西安科技大学学报, 2012, 32（2）：180-185.

[46] 王长军. 抽采条件下被保护层边界区域防突效果研究[D]. 淮南：安徽理工大学, 2013.

[47] 杜淼. 同忻双系煤层千万吨级矿井设计优化分析[J]. 同煤科技, 2015, （2）：18-21.

[48] 范京道, 王国法, 张金虎, 等. 黄陵智能化无人工作面开采系统集成设计与实践[J]. 煤炭工程, 2016, 48（1）：84-87.

[49] 张渊. 全断面高效快速掘进系统在大柳塔煤矿的应用[J]. 中国煤炭工业, 2015, （6）：56-57.

[50] 李瑞群. 神东矿区各种掘进工艺的特点与适应性分析[J]. 陕西煤炭, 2017, 36（6）：33-37.

[51] 张东宝. 煤巷智能快速掘进技术发展现状与关键技术[J]. 煤炭工程, 2018, 50（5）：56-59.

[52] 罗文, 杨新林, 黄东, 等. 光纤陀螺仪在大柳塔快掘系统中的应用[J]. 煤矿安全, 2017, 48（S1）：56-58, 62.

[53] 罗文. 快速掘进系统在大柳塔煤矿的应用[J]. 神华科技, 2013, 11（5）：23-26, 31.

[54] 马超, 代贵生, 曹光明. 快速掘进系统在大柳塔煤矿的应用[J]. 煤炭工程, 2015, 47（12）：34-37.

[55] 神华集团有限责任公司. 世界首台套全断面高效快速掘进系统在神华完成调试[EB/OL]. （2014-05-30）[2018-04-30]. http://www.sasac.gov.cn/n2588025/n2588124/c3918952/content.html.

[56] 张洪, 贺永军, 刘梅. 露天煤矿剥离半连续开采工艺系统及其应用的研究[J]. 露天采矿技术, 2013, (1): 9-13, 16.

[57] 纪飞, 叶龙. 大型露天矿半连续开采装备智能化控制[J]. 中国新技术新产品, 2018, (9): 16-17.

[58] 杜锋, 彭赐灯. 美国长壁工作面自动化开采技术发展现状及思考[J]. 中国矿业大学学报, 2018, 47(5): 949-956.

[59] 崔洪庆, 宁顺顺. 废弃矿井充水问题及其研究和治理方法——以美国匹兹堡煤田为例[J]. 煤田地质与勘探, 2007, (6): 51-53.

[60] 王中伟. 废弃矿井资源利用, 路在何方? [EB/OL]. (2017-04-26)[2020-03-02]. http://www.ccoalnews. com/201704/26/c11454.html.

[61] 刘毅. 国外煤矿安全技术规程研究与借鉴[J]. 煤炭科学技术, 2018, 46(S1): 123-126.

[62] 王尔德, 綦宇. 中国能源展望: 石油消费 2030 年见顶清洁能源成增量主力[N]. 21 世纪经济报, 2017-07-18(06).

[63] 朱宇婷. 我国能源发展进入新旧动能转换期[EB/OL]. (2018-09-29)[2020-03-02]. http://www.cpnn. com.cn/zdyw/201809/t20180929_1093045.html.

[64] 张泓, 夏宇靖, 张群, 等. 深层煤矿床开采地质条件及其综合探测——现状与问题[J]. 煤田地质与勘探, 2009, 37(1): 1-11, 16.

[65] 齐庆新, 潘一山, 舒龙勇, 等. 煤矿深部开采煤岩动力灾害多尺度分源防控理论与技术架构[J]. 煤炭学报, 2018, 43(7): 1801-1810.

[66] 邹常富. 非煤矿山露天开采粉尘防治现状及发展方向[J]. 现代矿业, 2017, 33(12): 228-229, 238.

[67] 武晓娟. 煤矿工人急盼取消夜班[N]. 中国能源报, 2019-06-03(01).

[68] 刘厅. 深部裂隙煤体瓦斯抽采过程中的多场耦合机制及其工程响应[D]. 徐州: 中国矿业大学, 2019.